『天気と気象 グラフィックヒストリー

「ついに，気象にまつわる偉業が成しとげられた。アンドリュー・レブキンとリサ・メカリーは，
魅力たっぷりな本を世に送りだし，気象のしくみから，対応策や利用法まで，それに気象を理解する
手だても私たちに紹介してくれた。夢中にさせるこの本の100の物語を楽しむうちに知識も身につく。
ページをめくるたびに，雲が晴れ，太陽が顔を出すようだ」

―アラン・アルダ，TV番組「Scientific American Frontiers」の司会を長年つとめ，ニューヨーク州立大学ストーニーブルック校the Alan Alda Center for Communicating Scienceを創立。

* * *

「貴重な情報にあふれ，読みだしたらやめられない，説教じみてもない
『天気と気象 グラフィックヒストリー』では，惹きこまれるようなストーリーに，
進化しつづける人類と地球の気候とのかかわりを語らせていく。ぜひ，お勧めだ」

―ナサニエル・フィルブリック，『復讐する海：捕鯨船エセックス号の悲劇』で，全米図書賞を受賞。

* * *

「『天気と気象 グラフィックヒストリー』は，面白くてためになり，サプライズも詰まった本という贈り物」

―エリザベス・コルバート，『6度目の大絶滅』で，ピューリッツァー賞を受賞。

* * *

「重みのあるテーマを軽いタッチで1話ずつスリムにまとめた『天気と気象 グラフィックヒストリー』には，
歴史を塗りかえるような登場人物らが絶妙にキャスティングされている。
アレクサンダー・フォン・フンボルトや「スノーフレーク」・ベントレー，
フランケンシュタインや，アメリカの農民暦の編集者にいたるまで。
わけても，ベンジャミン・フランクリンが巨大なつむじ風を馬で追いかけるシーンは出色だ。
フランクリンが行く手を阻むつむじ風を断ち切ろうとして，つむじ風をしつこくムチで打つのを，
一緒にいた知人らは口をぽかんと開け，ただ見ているだけだった」

―チャールズ・C・マン，『1491―先コロンブス期アメリカ大陸をめぐる新発見』のベストセラー作家。

アンドリュー・レブキンの著作紹介

『The Burning Season:The Murder of
Chico Mendes and the Fight for the Amazon Rain Forest』
（邦訳：矢沢聖子訳『熱帯雨林の死
シコ・メンデスとアマゾンの闘い』早川書房，1992）

『Global Warning:Understanding the Forecast』

『The North Pole Was Here:Puzzles and Perils
at the Top of the World』

天気と気象

グラフィックヒストリー

アンドリュー・レブキン *with* リサ・メカリー＝著

渡部雅浩＝監訳　足立理英子＝訳

Originally published in 2018 in the United States by Sterling Publishing Co., Inc. under the title Weather: An Illustrated History.
This edition has been published by arrangement with Sterling Publishing Co., Inc.,1166 Avenue of the Americas, New York, NY, USA,10036 through Tuttle-Mori Agency, Inc.,Tokyo.

この本を，私たちの息子たち，ダニエルとジャックに捧げる

天気と気象

グラフィックヒストリー

はじめに

この本では，人類と天気にまつわる100の場面が，地球の起源からはじまって年代順に次々と登場してきます。人類は，大気，海洋，陸地などが複雑に作用しあう「気候システム」や，不意に人類を見舞い，すべてを破壊しつくすこともある極端な気象現象と，どのようにかかわり知見を深めてきたのでしょう。人類が誕生してからほぼいつの時代でも，こうした気象現象と人類のかかわりは，人類にむけて一方向に作用してきました。たとえば気候パターンの変化です。気候パターンが変化することで，氷床，砂漠，海岸線に前進や後退がもたらされました。干ばつ，雨，風，気温などが従来の気候パターンから極端に変化すれば，コミュニティーは，繁栄か適応か移転か消滅か，いずれかの選択を迫られざるをえませんでした。ところが現在では，科学者の間で，人類と気候とのかかわりが双方向になりつつあると実証されるようになってきました。どの国でも農業が普及しはじめると同時に気候パターンに大きな変化が引きおこされ，さらに，農業以外でも人間によるふるまいがもとで，地形がすっかり変貌をとげ，数千年前には気象パターンが変化していました。この先数十年は，気候の変動がどんなペースで，どのくらい進んでいくのかまだはっきりしていません。しかし，大気と海洋は，増えつづける温室効果ガスが排出する熱の影響をあきらかに受けはじめています。この影響は，地球科学者が「グレートアクセラレーション(大加速時代)」とよぶ，1950年頃を境とする，人口の増加や経済成長にともなうエネルギーや土地，水への需要が拡大したことにより引きおこされました。二酸化炭素をはじめとする温室効果ガスは，太陽光を透過させる一方で，地球から放射される赤外線を吸収し大気中から熱を逃がさないようにするのです。

気候について詳細な年代史をつくろうと思えば，それこそ何巻にもおよぶことでしょう。この本では，長い長い発見の旅を続ける中で，はっと驚かされたり，ふと口元が緩むような場面に出会います。この探検では，ゴールにたどり着くまでに，さまざまな気象現象についてや，気候と人類が影響しあいながら相互に進化してきたこと，気象にまつわる発明の話まで知ることができるしくみになっています。それも，年代順に，その時代の印象的な場面を切りとったイラストや写真つきです。今は常識となっている現象でも，これから数十年のうちにくつがえされたり，一新されたりする現象も出てくるかもしれません。その昔，天気がころころ移り変わる現象を神の怒りや喜びの仕業にしてしまったように。気候ははっきりしたパターンを一定期間とる現象なので，短期間で現象がころころ変わる天気の特徴を昔の人は知らなかったの

です。米国気象学会の前会長J・マーシャル・シェファードは好んでこう言っています。「気候が性格みたいなものなら，天気は気分みたいなものだ」。

ガリレオ・ガリレイやベンジャミン・フランクリンといった，なじみ深い名をもつ偉人による非凡なひらめきだけでなく，なじみが薄くても魅力あふれる人たちによる発見についても知るようになるでしょう。最初にワイパーを発明した不動産開発業者メアリー・アンダーソンや，1920年代に高高度で高速のジェット気流を発見した日本人気象学者大石和三郎など。ジェット気流はのちに日本で軍事利用され，第二次世界大戦中にアメリカへ何千もの風船爆弾を気流に乗せて飛ばすことになりました。

人類の歴史を通して，天気と気候についてわかったこととわかっていないことを網羅しようとする場合，胆に銘じておくことが一つあります。それは，人類による知見は発展しつづけていくということです。たとえば，科学者が「大気中の温室効果ガスは熱を閉じこめる」。という基本認識から，「燃料や森林を燃やすことで生じる二酸化炭素（CO_2）の排出量を減らせなければ，これから何世紀にもわたって温暖化と海面上昇が続く」といった認識をもつようにいたるには，一世紀以上もの調査や測定を系統だてて行うとともに，進化しつづける技術が必要だったのです。

これからの世代は，テクノロジーの恩恵を受け，天気に左右されない生活を送るようになるかもしれません。かつて出かける前にごく普通に天気予報をチェックしていた世代は，これに違和感を覚えることでしょう。ですが今のところ，天気は日々注意をはらわないと影響をこうむるかもしれないと，ほぼだれもが考える生活環境の側面です。

わたしたちは早いうちから，だれもがざっと紐といて親しめる気候システムの歴史とメカニズムについて年代記をまとめ上げるつもりでした。数十億年前までさかのぼり，地殻変動がもたらした何千年にもわたる痕跡から推測したり，化石を検証したりして測定できる時代を調べたところ，従来の年代記にある定説を塗りかえさなくてはならない場面もありました。それは，24億年前から4億2,300万年前までに登場する「場面」を見れば歴然としています。この原生代のマイルストーン（節目となる事象）は，紀元前とあるだけあって，とうてい計り知れないスパンの年月について書かれているのは言うまでもありません。炭素同位体や化石も何一つ確かな根拠は残されていないのです。そしてもちろん，氷期の終わりについて触れた最後のマイルストーンは，まだだれも書いていない歴史について憶測で書きました。選ばれたマイルス

水難救助部隊がサウスカロライナ陸軍州兵から派遣されました。この部隊は，2017年のハリケーン「ハービー」が引きおこしたテキサスの洪水で立ち往生した人々を救助した捜査隊です。

トーンの大部分は，異なる場所で生じた事象をいくらか意味を広げて伝えるようにしました。たとえば，1922年にリビアで観測された，長年にわたる最高気温記録を取り消した調査のくだりでは，気温の観測と同じように気象史における精度の限界を物語っています。

この100の場面につけた物語の糸筋は，問題意識をもてるような科学的な物の見方や壊滅的ともいえる気象事象に軸をおいています。ですが，一風変わった面白い話題も2，3載せていて——天気が音楽にはたす役どころや，春の訪れを占うグラウンドホッグの伝統的行事など——人間と気象要素との濃密なつながりを余すところなくとらえようとしました。

ここで選んだ100の事象をはるかに上まわる数の歴史的価値をもつ事象が，まだたくさん残っています。この物語が食欲をそそる前菜となり，読者のみなさんの，より専門的でまとまった気象と天気の歴史や，さらに，それにまつわる伝承にも興味をもっていただけるきっかけとなるよう心より願っています。伝承作家としては，クリストファー・バート，ブライアン・M・フェイガン，ジェームズ・ロジャー・フレミング，エリザベス・コルバート，スペンサー・R.ウィアートらがいます。そして，今ではあたりまえに，膨大な量の貴重なオンラインコンテンツが利用できます。アメリカ気象学会やアメリカ国立気象局，それにアメリカ航空宇宙局（NASA）などの機関から，「Weather Underground」や「Real Climate」などのブログまで。この本の出版にあたり，詳細な説明が必要な場面は，気候史について深い専門知識のある友人や同僚からの知恵や話を活用しました。寄稿者の名前は，寄稿の最後にイニシャルで示し，詳細は巻末の協力者一覧に記載しています。特に先カンブリア時代の地球を専門とする地質学者にして作家のハワード・リーに懇請し，これからはじまる歴史の幕を開けることにしました。それではページを進め，ダイナミックに展開する大気の状態を天気とよぶ，大気そのものの起源からはじめましょう。

謝　辞

本書は，人類の気候システムへの理解と関係を追跡調査してきた，数多くの歴史家，学者，科学者，研究所による比類ない学識と専門知識をもとにしています。参考文献のリストには，各場面とマイルストーンにふさわしい資料を二人で吟味して載せる一方で，個人としての意見や洞察をあたえてくれた専門家諸氏には，とりわけ深く感謝を申し上げます。アメリカ物理学協会の物理学史センター長を長年務めたスペンサー・R・ワート氏のおかげで，広範な調査をとどこおりなく進められ，気候を形成する人間の役割をあきらかにできました。ワート氏の傑作『温暖化の〈発見〉とは何か』の，特にオンライン版https://history.aip.org /climateの情報は，資料として欠かせません。コルビー大学のジェームズ・ロジャー・フレミング教授からは，気象史についての深い知見のもとに，多くの項目へのフィードバックを気持ちよく速やかにいただくことができました。地球における気候の物語の草創期部分は，惑星科学研究所の上級科学者デイビッド・グリンスプーン博士と，ロチェスター大学の天体物理学の教授アダム・フランク博士による精査をうける恩恵にあずかりました。誤りや見落としはもちろん，わたしたち二人の責任です。

本書はまた，2019年に100周年を迎えるアメリカ気象学会が運営するオンライン・アーカイブと，アメリカ国立気象局や，気象と気候を中心にあつかう他の連邦政府関係機関，それにイギリス気象庁からの情報を得ています。次のサイトでは，潤沢な資料を集める絶好のスタートをきることができました。weather.gov/timeline and metoffice.gov. uk，および nationalacademies.org/climate（米国科学アカデミーのレポートが豊富）

また，スターリング出版社チームの，特にメレディス・ヘイルの鋭い編集眼のおかげで，少しの間違いもないよう，多彩なマイルストーンを一貫したトーンで通すことができました。ステイシー・スタンボーは，素晴らしい仕事ぶりで，わたしたちが見つけてきた挿絵や図をふるいにかけ，短時間でぴったりする画像を探しあててくれました。この本は，スターリング出版社に勤めていた科学編集者メラニー・マッデンがいなかったら存在しなかったでしょう。マッデンは，出版社をやめても戻ってきては，粘り強く筆者の一人（アンディ・R.）とアイデアを突きつめてきました。最初に戻ってきた2012年からです！

最後に，わたしたちは互いに責任を負うとともに感謝の念に堪えません。環境ジャーナリスト（アンディ・R.）と，環境・科学教育（リサ・M.）との30年以上の経験を融合させた初めての共同執筆でしたが，思いだしてみてもストレスは一度か二度，わずかにあっただけです。

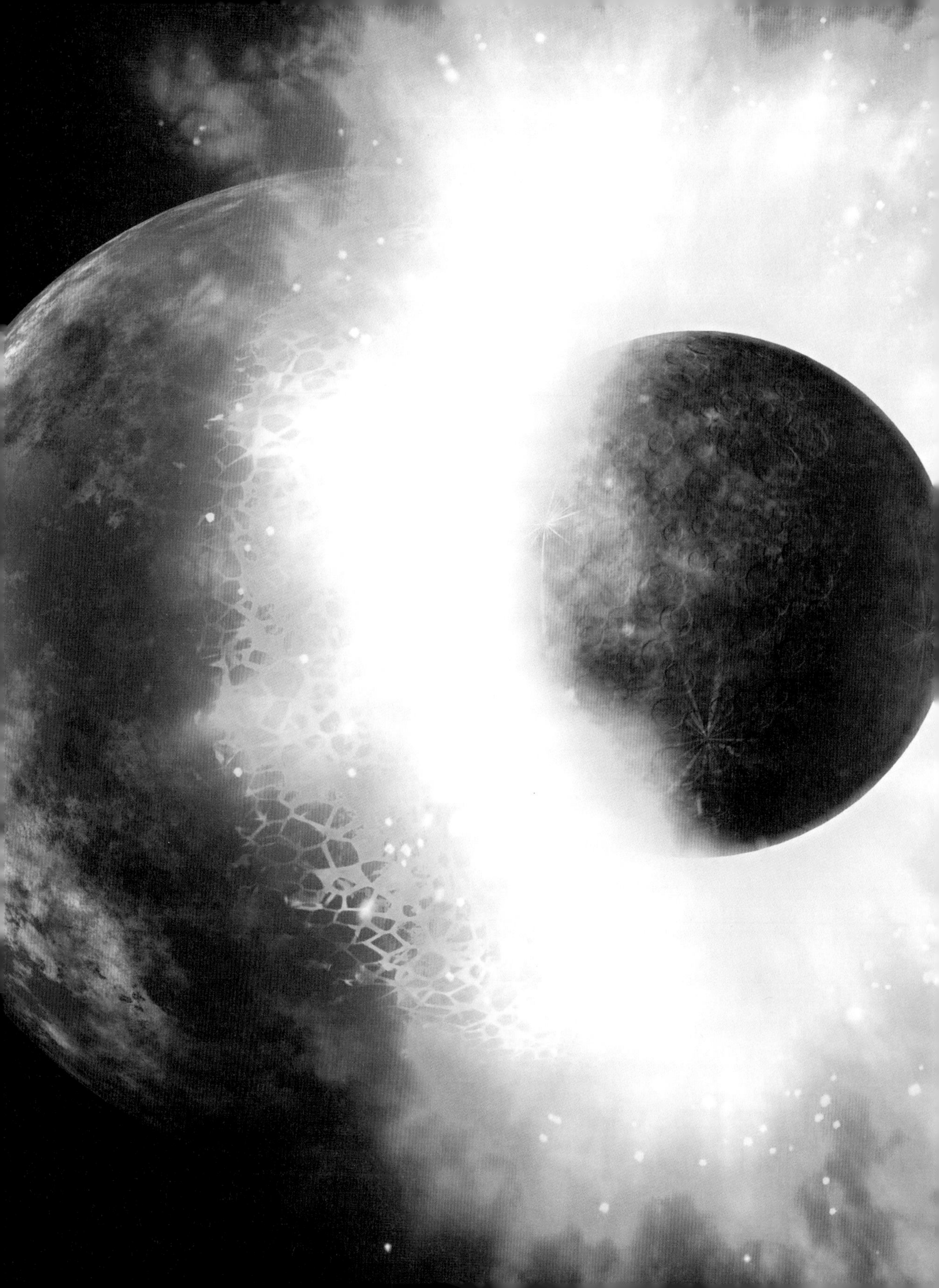

地球大気の形成

天気があらわれるためには，惑星には大気がなくてはなりません。ですから，まず大気が形成される前の地球の起源からはじめましょう。地球について現在よく知られている事象は，科学が原始の太陽系に結びつけられた根拠という糸から織りだしたものなのです。たとえば，地球と，隕石の形態の中にあるとする地球を構成する塊との間の化学的な違いや，太陽系天体の観測，それに物理の法則をもとに太陽系の歴史をそれらしく再現したコンピューター・シミュレーションなどです。

こうした研究の成果として，地球は約45億6,700万年前に，直径1光年（10兆キロメートル）ほどある放射能をもつ塵とガスでできた，ゆっくり回転する雲のようなものの中で形成されていったことがわかります。雲のようなものが自重で崩壊すると，これが太陽と，太陽のまわりを囲む原始太陽系星雲とよばれる円盤を形成します。数千万年にわたり，円盤の中でできた細かな粒子は凝集し，やがて引力で集めた塊を引きつけあいながら，惑星，小惑星，彗星，恒星となっていきます。従来，地球の原始大気は，まわりの太陽系星雲から引力で引きこんだガスで形成されているとされてきました。しかし最近では，原始大気は微惑星が衝突したときに発生した高圧と高熱のるつぼとなった地球内部から揮発成分が蒸発してできたと科学者は考えています。

最初の1億4千万年ほどは，小惑星が衝突した衝撃で地球に形成されていた大気部分は吹きとばされていました。しかし，衝突のとき生じた高熱によって隕石に溶けこんでいた物質が二酸化炭素，一酸化炭素，水蒸気，二酸化硫黄などの気体となり隕石から放出されたのです（“脱ガス”とよばれる作用）。

45億年ぐらい前に，地球は，小惑星の巨大衝突により大きな幕が開きはじめました。このときにおこった巨大衝突により（調査によれば，おそらく数回），地球の大気が隕石に溶けこんだ水蒸気の熱で高温となり，水蒸気でできた円盤のようなガスを地球のまわりに形成したのです。この水蒸気が冷却され，隕石のように雨を降らすか，月のように宇宙で凝集するようになるまで，地球の原始大気は，ほとんど，おそらくすべて宇宙へ吹き飛ばされていたとされています。

—H.L.

参照：ピンク色の空と氷河（紀元前29憶年），
氷期が終わる？（10万2018年）

地球の原始大気は，このイラストに描かれたジャイアント・インパクト（巨大衝突）のような衝突の最中に形成と再形成をくり返しました。このときの衝突は，45億年ぐらい前に月を形成したとされるジャイアント・インパクトと類似しています。

水の惑星

この紀元前45億年前後におこった巨大衝突で形成されたとされる月の誕生と引きかえに，地球は原始大気ばかりか大量の水も失い，そのうえ，めったに蒸発しそうにない鉛や亜鉛などの元素までも失ってしまいました。雨は降らず，土地はやせ，かつ灼熱のマグマにおおわれた地球は，地質学者が，ギリシャ神話の冥界の王ハデスにちなんでこの最古の時代につけた，冥王代という名前にふさわしい地獄のような時代に見舞われます。

それでも43億年前までには，地球の表面に液体の水が豊富に見られるようになります。それは地球最古の鉱物にふくまれる酸素同位体を正確に年代測定することによってわかります。この鉱物は耐久力にすこぶるすぐれた紫がかったジルコン結晶体の粒子で，オーストラリアのジャック・ヒルズで採集されました。

こうした鉱物などを年代測定することで，地質学者は，太古の時代がいまだに多く存在することや，大きな月を形成する衝突から地球に海洋が形成されるまで，とほうもない年月がかかることなどに気づかせてくれます。科学者はこのように考えています。「ほんの数年で隕石から大気中に放出された水蒸気は地球を冷やし，15万年ほどで地球をおおうドロドロに溶けたマグマの海は固まる。大量の二酸化炭素，蒸気，窒素，硫黄も同じように大気中に放出され，水蒸気の大気圏が形成されるようになる。やがて，いったん地殻が形成されると，水蒸気は約100万年間かけて雨を降らしつづけ，地球を冷やす」。

火山という火山から溶岩が噴出し，溶岩は水蒸気中の二酸化炭素と反応していきました。溶岩が溶岩をおおい，溶岩が流れる上をさらに溶岩が流れるにしたがい，できたばかりの地殻の中に炭素がどんどん埋まっていき，長い年月をかけて温室効果ガスが減少していきました。そうして，43億年ぐらい前までには，生命の助けになるような気候と，現在より26%多く水を保持し，あちこちに火山島（まだ大陸はありません）や噴火口のある山が散在し，すっぽりと地球をおおう水をたたえた大洋が存在する水の惑星となりました。冷やされ，新たに生まれ変わった地球には，すでに今とあまり変わらない天気がありました。

— H.L.

参照：南極海による地球の寒冷化（紀元前3400万年），
気候を形成する海洋の役割を追跡（2007年）

ハワード・リーによるイラストは，43億年前の地球を特徴づける広大な海洋と散在する火山をあらわしています。

ピンク色の空と氷河

こうして地球が成長しはじめたばかりのころ，生命が誕生しました。41億年前ともいわれますが，正確には37億年前とされています。しかし，生命の誕生により環境が変わるまでには，それから10億年近くかかります。原初の生命体は，顕微鏡でなければ観察できないような微生物（細菌やラン藻などの原核生物）だけでした。一部の微生物が水素と二酸化炭素からエネルギーを抽出してメタンと水を生成するようになると，大気からガスが失われます。

すると，温室効果ガスの濃度が低くなり，29億年前に地球最古の氷期が引きおこされました。同時に，メタンの濃度が高まるにつれ，上空はかすみがかりピンク色に染まるときもありました。大気圏上層では，太陽からの紫外線でメタン分子が分離して水素を引きぬき，軽くなった水素は大気圏外に散逸しました。水（H_2O）は水素と酸素で構成されているため，水素を失えば水も失います。 海洋の水量はゆっくりと減少していきました。

ところが幸いにも，海洋からの水の流出は食いとめられました。シアノバクテリアとよばれる新しい微生物が，約27億年前に二酸化炭素と水から糖を光合成する特徴を進化させ，その副産物として酸素がもたらされたのです（初期の光合成では酸素は発生しない）。酸素は反応性がとても高いガスなので，海洋にある岩石や化学物質を長時間かけて酸化させます。大気中の酸素が増えるにつれ，酸素がメタンと反応します。すると，二酸化炭素と水を生成し，水素は散逸をまぬがれ，その結果，地球の海洋の水は宇宙へ流出されずにすんだというわけです。

酸素の濃度が高まるにつれ，大気はメタンが優勢なピンク色の空と，二酸化炭素が優勢な青空との間を二転三転とします。同時に，大陸が一つにまとまった地球最古の巨大な陸地，ケノーランドとして知られる超大陸の山々は侵食され，化学的な風化が進み，大気中の二酸化炭素の濃度が低下していきます（化学的な風化作用により大気中の炭素が雨で弱酸性の炭酸を形成し，岩石をじわじわ溶かして下流の海で石灰岩を形成することになった）。こうして，メタンと二酸化炭素という地球の二大温室効果ガスの濃度が急激に低下したことで，４回におよぶ「全球凍結」時代がもたらされました。25～22億年前の間に，火山から放出される二酸化炭素が増えつづけて濃度を高めるまで，地球の表面がほぼ完全に凍ってしまう時代と温暖な気候の時代を繰りかえすことになりました。

— H.L.

参照：地球大気の形成（紀元前45億6700万年），全球凍結から火災の発生へ（紀元前24億から4億2300万年），気候を形成する海洋の役割を追跡（2007年）

先史時代の超大陸ケノーランドの景観をなす海洋は，単細胞生物やシアノバクテリアといった菌膜をもつ微生物など，塩基性の生物の生活を支えていました。

最古の雨痕化石

南アフリカにある古代の岩石にぽつぽつと残された大粒のくぼみは，あきらかに雨痕とみられ，27億年前の通り雨によって新鮮な火山灰に形づけられたとされています。現代のものとも一致するよく似た雨痕が，23億年前のオーストラリアの干潟や，地質時代当時にあった地域で多く発見されています。これらを現在の堆積物と比較することで，水が現在と同じように川や湖や海を流れていたことがわかります。

しかし本来，水が流れることなどありえなかったはずです。

原始の太陽は現在の太陽にくらべ約80%の明るさしかなかったため，氷点以上の温度には暖められなかったはずなのです。地球全土が北極から南極まで永久に凍結される運命にあってもおかしくありませんでした。科学者は，原始の地球が温暖で雨を降らすことができたのは，現在より温室効果ガスによる分厚い大気が存在していたからにちがいないと推測しました。しかし，古代と同じ雨滴のくぼみを再現する実験を行い，さらに古代の溶岩の気泡を測定した結果，原始の大気圧は現在よりもどうやら低かったらしいことがわかったのです。

大気圧が低かったにもかかわらず，原始の気温が予想外に暖かいこの現象は，「暗い太陽のパラドックス」として知られています。大気が薄く，海洋が地表をすっぽりおおっていたおかげで，原始の地球はそのぶん太陽光を吸収できるようになりましたが，大気は吸収した熱を保持するために温室効果ガスをもっと増やす必要にせまられます。もっと若くて熱いマントルからなら，噴火による二酸化炭素はたくさん放出されたかもしれませんが，風化作用が進んで小さく分裂した大陸では，現在に比べほんのわずかしか二酸化炭素を取りこめませんでした。大規模な太陽フレアや若い太陽の表面から生じる強い放射熱なら，温室効果ガスは亜酸化窒素となり，窒素と水素が衝突して新しい温室効果ガスが生成されたかもしれません。また，雲が減少し潮流が強まったことでも余分に温熱がもたらされたかもしれないのです。

暗い太陽の力は，太陽が現在よりも5%ほど大きかったせいで増強されていたと示唆する科学者もいます（太陽風やコロナガスの噴出や内部の核融合により太陽は縮小している）。そういうわけで，原始の地球と地球より遠方にある火星とに液体の水が偶然同時に出現したのです。問題なのは，これらの可能性がすべて裏づけられるなら，地球は熱くなりすぎるだろうということです。大きな課題が残ります。 —H.L.

参照：チベットの隆起とアジアのモンスーン（紀元前1000万年），
気候変化を記録した沈括（紀元前1088年）

ミーアキャットが立っている岩の上には，27億年前の南アフリカの雨痕がたくさん残っています。

全球凍結から火災の発生へ

こうした暗い太陽にもかかわらず，大気中の酸素濃度が上昇したあとの「退屈な10億年」時代には，地球の気候は安定して氷点以上を保っていました。しかし，大気中の酸素濃度は現在にくらべ数％以下と低く，海洋中にもほとんど酸素はありませんでした。酸素濃度は，８億年ぐらい前になってようやく現在の濃度の50％にまで高まり，光合成をする藻類と，それを食べるアメーバやフィルターフィーダー（ろ過摂食者）などの生物の進化を見守るようになります。

これらの複雑な生物は他の微生物に比べてかなり大きかったため，バクテリアに食べられる前に沈んで深海層に留まり，炭素やリンのような栄養素をもっと深い水域へと運びました。こうして生物に必要な酸素が深海層に蓄えられると，浅い海底で酸素が利用されはじめ，スポンジのような海綿動物が生息できるようになったのです。

この海綿動物がシアノバクテリアの繁殖した水をろ過したおかげで，太陽光が入ってくるようになり，酸素を生成する藻が増えるのです。のちにクラゲと動物プランクトンが登場すると，海洋の深層部にも炭素と酸素の化学循環を引きおこします。進化の段階を踏むごとに，炭素の豊富な遺骸が深層まで沈んでいき，二酸化炭素は大気からますます効率よく除去され，海底の深層部に堆積物となって蓄積していきます。こうして，「生物ポンプ」というプロセスができます。

生命体による温室効果ガスの減少に加え，赤道付近の大陸の浸食と岩石の風化が加速したことで，7億1,700万年前からの大規模な「全球凍結」期を２回と，それに続く短い氷期を迎えます。数千万年にわたって地球のほぼ全土が氷におおわれる中，赤道近くの地域だけには氷床があまりありませんでした。この「全球凍結」の世界が現在とどれほどかけ離れていたかは，当時，赤道付近にシベリアと南極大陸があり，しかも，どちらも地球上でいちばん暖かい場所とされていたことでわかります。

大気中の酸素は，植物が陸地にコロニーをつくる4億7,000万年ぐらい前までずっと現在よりかなり低い濃度でした。ですが，4億2,300万年前には，酸素濃度は高くなって火災をおこしはじめ，これを証明する炭の痕跡が英国にある岩石に残されています。

— H.L.

参照：農耕による気候の温暖化（紀元前5000年），
地球の軌道と氷期（1912年）

コンピューターによるイラストは，5億9,000万年ほど前の，雪と氷で凍結した地球をあらわしています。
地殻運動により，大陸が現在と異なる位置にあります。

灼熱地獄と「大絶滅」

火災がおこるほど酸素濃度が高まったために，生物はだんだん大型化してますます活発に動きまわるようになっていました。これまで飛躍的な進化と大量絶滅を幾度か繰りかえしてきましたが，たいていそれらは「巨大火成岩岩石区」として知られる活火山が噴火している間に発生しています。大量絶滅がおこると大量の温室効果ガスが排出されるため，気候は温暖化へ向かい海洋は酸性に傾き，そのうち海洋の酸素欠乏状態が広がって死水域ができることもありました。

別名「大絶滅」として知られるペルム紀の大量絶滅は，複雑な変化を示す（複雑系）生命を根こそぎ失う事態になった最も直近の出来事です。

この大量絶滅という大惨劇がおこる以前は，多種多様な爬虫類が超大陸パンゲアを北極から南極まで陸地をまたいで自由に闊歩していました。氷床が針葉樹林に囲まれた南半球の大部分をおおうようになり，大気中に拡散した水蒸気が広大な大陸内部まで浸透しにくくなったせいで，ヨーロッパとアメリカのあちこちに砂漠砂丘が出現しました。ただ，この寒冷気候は急変します。その最初の事例は，2億6,200万年前に発生した現在の中国四川省にある峨眉山の噴火によって引きおこされました。しかし，2億5,200万年前に「大量絶滅」にいたった真の灼熱地獄（スーパープルームとよばれる大規模な火山活動）のときは，シベリア辺りに数千年の間溶岩を流しつづけ，ヨーロッパほどの面積を玄武岩と火山灰で3キロメートルの厚さで埋めつくしました。

このとき発生した酸性霧が地球を囲み，渦巻くように硫黄が成層圏へ舞いあがったことで，一時的に「火山の冬」とよばれる急激な寒冷化を引きおこし，侵食性の高い酸性雨として生態系や環境に悪影響をおよぼす雨を降らせました。温室効果ガスが大気中にあふれて地球の気温を10度上げ，熱帯地方は殺人的な酷暑に見舞われるようになります。さらに，二酸化炭素が海洋に溶けこんで海水が酸性になり，海洋中の酸素が欠乏していったせいで，海底に生息する回虫類でさえ絶滅してしまったのです。

当時見られた兆候として，化石燃料が燃えつづけたために気候変動を悪化させた事象があげられます。火山から噴出したマグマが石炭鉱床と油田地帯を燃やしたため，メタンと二酸化炭素が放出され，何千マイルにもわたる灰をまき散らしたのです。このとき海洋生物の実に90％と，さらに陸生生物まで約75％が6万年（地質学的には一瞬）もかからないうちに絶滅してしまいました。生物の多様性が回復するまでには，数百万年の月日がかかりました。

参照：恐竜の絶滅との繁栄（紀元前6600万年），
温暖化の影響を受けるサンゴ礁（2017年）

今日の火山活動レベルは，2016年におきたハワイのキラウエア火山に見られるように，長期化して広範囲にわたった噴火が気候を形づくってきた過去の火山活動とは，くらべものにならないくらい穏やかなレベルです。

恐竜の絶滅と哺乳類の繁栄

気候変動は，恐竜が地上からこつ然と姿を消すずっと前から，すでにはじまっていました。白亜紀後期（中生代のあと7,900万年つづく地質時代）の気候は寒冷化が進み，小規模な氷床を南極に形成するほどでした。そのころ，赤道周辺で花をつけた植物（種子植物）が増えはじめ，植生（生息する植物の集団）を一変させたことで，花とともに生きはじめ繁栄していました。一方，巨大な森林が減って食糧不足におちいった巨大恐竜はすでに衰退していたのです。

当時，地球環境は，インドでおきた大噴火により膨大な二酸化炭素が排出され，温暖化（南極大陸で7.8ºC上昇）が急激に進んでいました。この大噴火の影響は，ペルム紀末の「大量絶滅」にくらべると規模は小さくても，類似点がおおく見られました。陸地と海洋は，15万年にもわたる温暖化がつづき，その間に多種多様な生物が絶滅していきました。

さらに不運は重なり，同じころの約6,602万年前，地球に小惑星が衝突してきたのです。チクシュルーブというメキシコの町でした。

このチクシュルーブの大衝突は，恐竜や多くの生物にとって，とどめの一撃となりました。科学者は長年，高熱で巻きあげられた岩石と大量の粉塵とが空を暗くおおいつくし，何年にもわたる地球規模の寒冷化が生じ，そのため恐竜やアンモナイトなど多くの生物が根こそぎ絶滅したと考えていました。

しかし，最近の研究では，この熱い岩石が地球全域におよぼす影響に疑問を投げかけ，地球規模の大火災を裏づける証拠はない，という結果を突きつけます。岩石の大衝突によって海洋が酸性化したわけでもなく，「衝突の冬」がおこったことで海洋生物が絶滅したわけでもないと。乾燥や熱に強いシダ植物が増えつづけたことで一時的にエサ不足におちいり，生物が絶滅したとしても，数年で元の状態に戻っています。とはいえ，燃えた油田地帯から放出された高高度の煤が，寒冷化と干ばつを引きおこした可能性は見のがせませんが。

仮に小惑星の衝突だけでは地球規模の大打撃にいたらなかったとしても，一方で，堆積岩の年代を正確に調べれば，衝突にともなう衝撃波がインドに新たな巨大噴火を引きおこし，ひいては急激な気候の温暖化と海洋の酸性化につながったという，もう一つの事象が生じた説明がつきます。

それでも，生物の大量絶滅のあと，シダ類が何千年も優勢をしめる景観となっていきました。恐竜（鳥類は除く）の全滅と入れかわるように，哺乳類は，最初こそ壊滅的な打撃を受けたものの，それから数十万年のうちに繁栄していきました。新生代といわれる時代は，現在まで速度を落すことなく進化しつづけています。

—H. L.

参照：地球大気の形成（紀元前45億6700万年），
温暖化の影響を受けるサンゴ礁（2017年）

巨大衝突で生じたチクシュルーブ・クレーターは，メキシコ，ユカタン州にあり，これを描いた作者が意図したように，6,600万年前に地球の全生物種の70％を絶滅させた可能性があります。このクレーターは，幅が約180キロメートル，直径が10～20キロメートルの小惑星か彗星の核によって生じました。

超温暖化した始新世

およそ5,600万年ぐらい前，大西洋を形成していた地殻運動により，スカンジナビアからグリーンランドが分離しはじめました。たまたま運悪く，この裂け目が，現在のアイスランドの火山につながっている同じマントルのホットスポットに沈みこんでいきました。

すると，マグマは，大きなアザをつけるかのように地下へ浸透していき，ノルウェーとアイルランドの沖合で石油に富む堆積物を焼きつくし，水中にできた何千もの噴出口からメタンを大気中へ吐きだします。このとき，北大西洋はホットバスのようにガスがぶくぶく泡立っていたにちがいありません。

メタンというのは，10年間かけて二酸化炭素という異なる温室効果ガスへ変わる強力な温室効果ガスです。始新世に増えたメタンは，どうなったのでしょう。地球の気温は，現在より約18℃高くなっていました。また，二酸化炭素は3,000年から4,000年の間に，現在の濃度より３～４倍ぐらい高まりました。これは，白亜紀末の大量絶滅を阻止するには遅すぎたものの，哺乳類はしだいに小型化していき，大陸を越え移動していくようになります。海洋生物の一部と陸生植物の20%はやはり絶滅しましたが。この「暁新世－始新世境界温暖化極大（PETM)」により，北極からわずか500マイル（804.6キロメートル）しか離れていない場所で，ワニやカバのような生き物が平穏に生きられるようになり，北極圏や氷のない南極大陸でも，ヤシの木のような熱帯植物が生い茂るようになったのです。

当時の気候は，数百万年にわたってうだるような暑さがつづいたせいで，ハイパーサーマル（超高温）とよばれる高温現象がなんども繰りかえされます。これらは，太陽のまわりを公転する地球の規則的な揺れと，新たに溜ったマグマの堆積物が熱せられて溶けだしたメタンによって誘導されることもあります。こうした気候サイクルに合わせて景観も変貌していくため，ワイオミング州などでは，乾燥した塩田と，森林に囲まれた湖とがあらわれては消え，またあらわれるといったサイクルを繰りかえしました。

科学者は，PETMで排出された二酸化炭素の量は，人間が今ある化石燃料の埋蔵量分を燃やしつくして排出する量に匹敵するだろうと踏んでいます。しかも，人間のふるまいによる二酸化炭素の排出量は，これまでのところ，PETMの期間の排出量をはるかにしのぐペースであるという現状をつきつけられた科学者らは，排出量が減少しなければ，さらに深刻な生態系の崩壊をまねきかねないと予想するまでになりました。

参照：噴火飢饉怪談話（1816年）

このイラストのトロゴサスは，齧歯（ネズミなど，物をかじるのに適した大きな切歯）のような歯をもつ絶滅した哺乳類で，中期始新世（紀元前4800～3800万年）期のものとみられます。ワイオミング州で見つかりました。

南極海による地球の寒冷化

地球に岩石と空が存在するかぎり，世界中の火山がもたらす二酸化炭素の生成と，岩石との化学反応による大気中の温室効果ガスにふくまれる二酸化炭素の除去との間で,絶妙なバランスが保たれてきています。火山活動が活発になると,大気中の二酸化炭素は増え,気候は温暖化します。すると，こんどは気温が上がって化学的風化がうながされるようになり，大気中の二酸化炭素は除去され，気候は寒冷化します。そうして，地殻内の地殻変動により壮大な大陸の山脈が形成されるようになり,浸食と岩石の風化がゆっくり辺りを冷やしにかかるのです。

インドとアジアとのゆるやかな衝突が5,000万年ぐらい前にはじまると，ヒマラヤ山脈が隆起するようになりました。つづくように南北アメリカとヨーロッパの山々も同時に隆起しだしたため，浸食と岩石の風化が進み，気候は少しずつ寒冷化への長い道をたどっていきました。もし，地球の海洋の再配列がおこらなければ,地球は，人類の初期の祖先が進化をとげた氷期を経験することなどなかったかもしれません。

恐竜時代（2億3,000万年前～6,500万年前）をとおして，南アメリカとオーストラリアは南極大陸と陸つづきになっていて，大陸まわりの入り組んだ経路に海流が流れこんできていました。この陸つづきにつながった大陸は3,400万年前にようやく分裂し，南大洋がひらかれ，南極大陸のまわりを流れる南極周極流を形成しました。この分裂により，全地球の海洋循環が変わり，海水の栄養塩が増えるとともに，海洋深層に沈みこんだ二酸化炭素の貯蔵量も増えていきました。

二酸化炭素の濃度と地球の気温は急激に下がりました。

3,280万年前までに，大気中の二酸化炭素濃度が600ppmを下まわったことで，南極にあった氷床が海洋にまで広がり，気候の寒冷化がつづきます。2,800万年前に，パナマ地峡で南北アメリカがふたたび陸つづきになると，寒冷化はさらに進んでいき，更新世の氷期が到来しました。二酸化炭素をふくむ温室効果ガスの濃度が300ppmを下まわったため,グリーンランド,北アメリカの大部分，スカンジナビア，シベリアにまで氷床が前進していきました。これらの氷床は，地球と太陽を公転する軌道のわずかな変化とともに変動し，産業革命の時代まで100回を超える寒冷期と温暖期を繰りかえしました。

参照：中世温暖期から小氷期へ（1100年），
気候を形成する海洋の役割を追跡（2007年）

3,400万年前にはじまった，オーストラリアと南アメリカが南極大陸から分離した現象は，寒冷化と氷床の拡大の一因となった，地球をひとまわりするほど広大な南大洋が出現したことで引きおこされました。

チベットの隆起とアジアのモンスーン

世界の多くの地域で，夏期には湿った風が海から大陸に流れこみ，命を吹きこむ雨を降らせ，青々としてみずみずしい時期をもたらします。この現象はモンスーンとよばれ，ポルトガル語の「モンサ」に由来し，モンサはアラビア語で季節を意味する「マウシム」に由来しています。熱帯地域では，モンスーンが降らす雨は，人間社会と，この季節のサイクルに適応した生態系に欠かせません。地球上で，インドや近隣の南アジア諸国ほどモンスーンサイクルの恩恵を受けている地域はありません。これらの国々では，10億人を超える人々の生活をモンスーンの降らす雨が支えているのです。降雨の時期やパターンが変われば，壊滅的な大洪水や，干ばつと干ばつによる大規模な食糧不足につながりかねません。

モンスーンの長期にわたる進化は，大気中の二酸化炭素濃度の変化に左右され，二酸化炭素濃度がゆっくり低下するにつれ，その強さは3,500万前から4,000万年前にしだいに弱まっていきました。しかし，この時代の間に，インド亜大陸とアジアがゆるやかに衝突したことで，チベット高原が約4,000メートル隆起し，広大な高地平原が夏の太陽熱を吸収したため，気候パターンが劇的に変化してしまいます。これにより，インドに吹き込む風が強くなり，モンスーンの降雨が激しさを増すようになります。ブラウン大学の地質学者スティーブンC.クレメンスらの分析によれば，現在みられるようなインドのモンスーンは，おそらく1,200万年前から1,000万年前の間に進化したと考えられます。

かなり短い時間スケールで，ときおり急激にモンスーンの強さが減少する現象は，1万1,700年前に終わった最終氷期の何回かの時期で，北アメリカとグリーンランドの氷床が間欠的に融解したことと同時におこりました。海水より密度の低い淡水が，高緯度にある北大西洋へ大量に流れこむと，この大量の淡水のせいで，暖かい熱帯水を運ぶ海流の流れが遅くなるのです。こうした現象が気候におよぼす影響は，偏西風によってヨーロッパとアジアを横切り，モンスーン地域へ広がっていきました。現在，今日の二酸化炭素濃度の上昇と今後の北大西洋の淡水化により，インドとアジアのモンスーンシステムへもたらされる影響について評価する取り組みが進んでいます。

参照：肥沃な三日月地帯（紀元前9700年），
気候を形成する海洋の役割を追跡（2007年）

女性が歩いている通りは，2008年1月インドのニューデリーで，モンスーンの時期（雨季）に冠水した道路です。

気候変動が促した人類の集団移動

ヒトの祖先は，いつ，どのようにしてアフリカという種の発祥地から，広く地球上の四方八方へと散らばっていったのでしょう。いまだに謎だらけです。最近まで長らく，移動の波は6万年ぐらい前に一度だけおこり，アジア，オセアニア，アメリカなど大陸のあちこちへ枝路を広げていったとされていました。

研究者たちは，人類が拡散していった当時，青草の茂る期間が挟まれたことで，北アフリカとアラビアの厳しい環境にあった砂漠に草深い緑の回廊がつくられていたと推測しました。ハワイ大学マノア校の研究者が2016年９月に『ネイチャー』誌で発表した研究は，このシナリオをもとにまとめられ，その結果，出アフリカ（旧約聖書の『出エジプト記』になぞらえて）のはじまりは，数万年前，10万年近く前まで押しもどされました。科学者たちは，当時の気候と生態系のコンピューターモデルを使い，人類は最終氷期の間に４回の波でアフリカから移動したという説を唱えます。最初の移動は10万6,000年前から9万4,000年前。 2番目は，8万9,000年前から7万3,000年前。 3番目は，5万9,000年前から4万7,000年前。 そして最後の移動は4万5,000年前から2万9,000年前。

同じ『ネイチャー』誌で発表された，世界中の文化からDNAを比較した３件の独自な研究によっても人類の集団移動（ディアスポラ）というシナリオが認められるようになりました。一方，現代の人類はすべて，6万5,000年前から5万5,000年前の間のある一時期の移動から枝分かれした人類であるという事実があらためて確認されました。

しかも面白いことに，この確認された事実に照らしあわせると，人類の集団移動があったこの緑ゆたかな期間は，雨季ではなかったことがわかります。2017年後半，アリゾナ大学のジェシカ・ティアニーとポール・ザンダー，それにコロンビア大学のピーター・デメノカルらが，さらに詳しい気候変動のメカニズムの手がかりを調べたことで，6万年前は異常なほど乾燥して低温な天候がつづいていたとわかり，それは，解析をおこなったDNAによって人類の集団移動をうかがわせる時期と一致したのです。こうしたエビデンスをもとに，ヒトの祖先は雨季をのがれるようにアフリカから出ていったというより，干ばつにおそわれアフリカから押しだされたという可能性が浮かびあがります。

このシナリオは，あらたに気候学的，考古学的，遺伝学的な裏づけが取れるようになるにつれ，これからも進化しつづけるに違いありません。

参照：北アフリカの乾燥とファラオの台頭（紀元前5300年），
氷期の発見（1840年）

岩に刻まれた２頭のキリンは，6,000年ぐらい前のサハラ砂漠の中心に面しています。最近の調査によれば，10万年前に雨季の波がはじまったことは，北アフリカとアラビア半島の生態系を豊かにし，アフリカから脱出する人類にとって，移動という流れを押しだす「弁」のような役割と，ユーラシア大陸への道をつくり出すことになりました。

100年規模の干ばつ

デューク大学の科学者たちは，1960年に，世界最大の熱帯の湖であるアフリカのビクトリア湖で，浅い入江の柔らかい沼底から堆積物を抽出する調査を行いました。この湖は湖岸沿いのウガンダ，ケニア，タンザニアの漁場をかかえ，2,000万人を超える人々の食をあずかっています。研究者たちは，抽出された堆積物コアのサンプルに，露天でしか形成されるはずのない厚い粘土層が層をなして詰まっていたことに驚きました。そのあとも調査をかさね，乾燥層を湖の最深部までたどり，1万5,000年前から1万4,000年ぐらい前，広大な水域が100年規模の大干ばつにより，最終氷期の末に消失したことを裏づけました。

ビクトリア湖の干ばつには，驚かされる理由がいくつかあります。一つは，ビクトリア湖にしか見られない何百種類もの魚が混ざっていたということで，大干ばつのあとの魚が爆発的に進化した可能性があげられます。もっと驚かされたのは，干ばつの規模が途方もなく大きかったということです。ビクトリア湖が消失した時，ナイル川の主要な源流でもあるエチオピアのタナ湖も消失してしまったのです。世界最長のナイル川も，二つの湖と運命をともにして干上がったにちがいありません。大干ばつの影響はほかにもおよびます。熱帯アフリカのほかの地域や，ヨルダン渓谷にある湖などが縮小しました。洞穴の層状の堆積物も，同様に，南アジア全域でモンスーンの弱体化を記録していました。さらに遺伝学者は,この乾季の間に，インドの人口が急減したしるしを発見しました。

北アフリカ地域での発見について，初めのころは，降雨帯が南下しただけだと解釈されていました。ところが，もっと南のアフリカ地域では違う結果が得られたのです。全人類の半数を超える生活を支えるアフリカとアジアのモンスーンシステム全体が，現生人類の歴史上，最も大規模かつ壊滅的な熱帯性干ばつにより，事実上崩壊においやられたと。残念なことに，モンスーンシステムがなぜ崩壊したのかはまだよくわかっていません。

この大規模な干ばつは，ハインリッヒイベントとして知られる，突然の氷床の崩壊と同時におこりましたが，この氷床の流出で大干ばつが発生したのか，たまたまタイミングが大干ばつと合っただけなのか，まだはっきりしていません。ほかの湖の研究では，アフリカの別の地域の恐ろしいような干ばつのパターンがあきらかになりました。2009年に新たに行われたガーナの火口湖から抽出された堆積物コアの解析により，100年にわたる極度な干ばつが過去数千年にわたり，大陸の，しかも現在人口が密集する地域で繰りかえし発生していたことがあきらかになったのです。

—C. S.

参照：乾燥地の発見（1903年），ダストボウル（1935年）

テラ（NASAが運用する地球観測衛星）が2013年にとらえたビクトリア湖。このアフリカ最大の湖は，現在約3,500万人の生活を支えていますが，1万7,000年ぐらい前には，すっかり干上がっていました。

肥沃な三日月地帯

最も直近の氷期の終わりは1万1,700年前(紀元前9,700年頃)，地質年代区分でいえば，完新世のはじまりとなります。また，人類が，いよいよ農業を頼りに定住しはじめるきっかけとなる時期ともかさなります。当時，気候条件が変わったことで，人類は安定した水源をもとめてアラビア半島から北に移動せざるをえなくなります。チグリス川とユーフラテス川は，数百マイルにわたって並んで流れる，きわだって豊かな水資源に恵まれた地帯を形づくっています。ナイル川からヨルダン，イスラエルにかけてできた地域と，両川沿いにできた地域は，やがて歴史家に「肥沃な三日月地帯」として知られるようになります。ここから最初の都市国家がいくつか出現し，書き言葉，科学，宗教組織などがもたらされました。チグリス川とユーフラテス川に挟まれ，「二つの川の間」を意味するメソポタミアとして知られる地帯に，繁栄した王国がつぎつぎと誕生しました。

この一帯には，初期農耕を営む新石器時代に利用されていた「ファウンダー・クロップ（創始者作物)」の種になる野生植物，エンマー小麦，大麦，亜麻，ひよこ豆，エンドウ豆，レンズ豆などや，なにより貴重な４種類の家畜，牛，ヤギ，羊，豚などが生息していました。人類の発展に欠かせない発明品，ガラス，車輪，灌漑（雨水に頼らず水路で川などの水を利用する農業）などもメソポタミアが発祥の地です。

「肥沃な三日月地帯」という歴史用語は，20世紀初頭，シカゴ大学の考古学者ジェームス・ヘンリー・ブレステッド(1865 ~ 1935)が書いた教科書により，社会に浸透しました。1919年に出版された最初の著書『Survey of the Ancient World』で，この地域の気候と地形が人々を惹きつける力と，それがもとで度々生じる紛争を取りあげて，「西アジアの歴史は，北の山岳民族と草原の砂漠の放浪者との長年にわたる争いの歴史であると言及できる。争いは，肥沃な三日月地帯の所有権をめぐり，今なお止むことがない」と描写しています。

事実，100年たった今でも，同地域での緊張は渦巻いています。衝突する文化やイデオロギーにより，すでに引き裂かれた中東地域の紛争が激化しているのは，ダム，地下水源の減少，干ばつ（気候変動で悪化する恐れがある）で，飲料水の供給と農業の生産が圧迫されているからなのです。

参照：気候変動が促した人類の集団移動（10万年前)，
農耕による気候の温暖化（紀元前5000年）

この墓の絵画には，エジプトの職人セネドジェムが，初期農耕の重要な場所デール・エル・メディーナの畑を耕しているところが描かれています。

北アフリカの乾燥とファラオの台頭

北アフリカは，紀元前8,500年から紀元前5,300年前後には最も湿潤な時代をむかえました。キリン，カモシカ，ゾウなどが草を食べる肥沃で湖が点在するこのサバンナは，狩猟・採集民と牧畜民らを惹きつけてやみませんでした。現在砂漠が占める地域では，かつて，カバが沼地の川辺で転げまわっていました。狩猟や漁獲による集落が消失したあとは，農業集落が緑の砂漠のあちこちで見られるようになりました。

歴史家のローランド・オリバー（1923～2014）は，1999年出版の本『The African Experience: From Olduvai Gorge to the 21st Century』の中で，サハラ砂漠中央部にある高地はオーク，クルミ，ライム，ニレの木々が茂る密林におおわれ，オリーブ，マツ，セイヨウネズの木々が低い斜面に広がっており，さらに，草に縁どられた魚の豊富な川が谷間を流れていたと描写しています。

こうした緑のオアシスのような状況を確認すると，2014年に，クリストファー・マッケイ（NASAエイムズ研究センターの科学者であり，火星移住計画に取り組む）らの研究チームが，8,100年前から9,400年前の間には存在したものの，今はサハラ砂漠でいちばん乾燥している湖のほとりで，鉱床を発見しました。エジプト南西部に位置するこの地は，人が泳いでいる様子を描写したと専門家が考えている注目すべき洞窟壁画のすぐそばにあります。

紀元前5,300年から3,500年にかけて，この地域で乾燥化が進んだため，人々はナイル川沿いに定住するようになります。こうして，農耕がはじまったのです。そのころから，ファラオの時代がナイル川に沿って発展していき，ファラオが統治する文明が3,000年続きました。

コロンビア大学の科学者による2013年の研究では，北半球と南半球の貿易風が合流する低気圧帯（熱帯収束帯）が南下したことで，気候が乾燥して高温の状態に変わったという強力な証拠が見つかりました。地球の軌道の微妙な変化が，こうした変動の背景にあるとみられます。

参照：農耕による気候の温暖化（紀元前5,000年），
乾燥地の発見（1903年），
熱い（世界一熱い気温）論議の決着（2012年）

エジプト南西部で発見された洞窟壁画は，紀元前5000年ごろ，現在の乾季に移行していく前の北アフリカ最後の雨季に描かれたものです。「泳者の洞窟」にある一連の絵は，今は消えてしまった池や湖で人々が楽しんでいた様子がうかがえます。

農耕による気候の温暖化

人類は，最終氷期の終わりに氷床が後退するまでには，南極大陸をのぞく各大陸に散らばり，すでに何千年もの間定住生活を送っていました。ところが，今ではいつのまにか，農作物の栽培をうながす温暖で安定した気候を好むようになりました。やがて，食糧をすべて農作物に頼るようになり，この傾向は紀元前6,000年頃に中東ではじまり，そのあと数世紀にわたってヨーロッパ，中国，そのほかの国々へと広がっていきました。

人口が増え農耕が盛んになるにつれ，人々は森林を燃やし農地をつくりました。こうして人々が農耕をはじめた紀元前5,000年頃（ウィリアム・ラディマン（1943年～）らの研究によれば），大気中の温室効果ガスとメタンの濃度が高くなりだしたのです。このことは，グリーンランドと南極にある古代氷河氷や，考古学的遺物や古代花粉などに閉じこめられた微量の気泡を調べればはっきりします。ローマ時代（紀元前753年）までには，ヨーロッパの森林の半分を消失させてしまい，中国では森林を破壊したことで，紀元400年までには，人々は木材の代わりに石炭を燃やさざるをえなくなっていました。メタン濃度が高くなった時期は，紀元前3,000年からはじまった，揚子江渓谷からアジア全域にわたる灌漑稲作が広まった時期とかさなります。

10年間におよぶ科学的な議論が出つくしたあと，ラディマンら11人の共著者は，2016年刊行の『Reviews of Geophysics』誌で，つぎのような包括的な論文を発表しました。「この人為的な温室効果ガスの増加により温暖化が進み，将来おこりうる寒冷化を遅らせている。これ（寒冷化）は，過去260万年で数百回はおこっていたように，地球の軌道が次の氷期の寒冷期をもたらすよう徐々にシフトしているからである」。

この論拠の批判的な部分としては，紀元前5,000年から著しく高くなったCO_2濃度と2,000年後のメタンの濃度について，氷期の間にある温暖期の同等期間では，それらのガスのレベルが低下傾向にあったというような相違があることです。

—H. L.

参照：石炭，二酸化炭素，そして気候（1896），
地球の軌道と氷期（1912）

棚田はアジアで多く見られる耕作方法です。何千年も前に，人々がこのような方法で農地を開墾したことで温室効果ガスが増加し，長期にわたる寒冷化がはじまりました。

TIMEO
ETI

アリストテレスの気象学

アリストテレス（紀元前384 ～紀元前322）は，人類史における偉大な博学者に数えられます。彼の探求心は目がまわるほど多岐にわたり，倫理学や数学から植物学や農学まで，または，政治学や医学から舞踊芸術や演劇まで，ほとんどあらゆる領域を対象としていました。アリストテレスは，ヨーロッパの地中海沿岸地域を広く見てまわり，環境のダイナミクスを本質的に意識するようになります。こうした環境の変化を観測した成果は，歴史的な研究とされる気象学―Meteorologicaとしてまとめられました。

今日では，気象学（Meteorology）といえば天気の研究を意味しますが，アリストテレスはもっと幅広くとらえ，「一般に，大気と水にまつわる作用，そして地球のさまざまな性質や部分とその作用のことである」と書いています。

しかし，天気と，天気を形成する環境要因が主要な焦点になりました。アリストテレスは，地球は赤道からの距離に応じて，「極寒」から「灼熱」までの気候帯に分けられているという説を打ちだします。この論説には水循環について最初に触れた次のような記述も入っています。

今，太陽は自らの動きに合わせて動きながら，変化と崩壊の過程を設定し自ら作用することで，純度の高い真水を毎日もたらしては蒸気に溶けて上空へと上がり，上空で冷やされて再び凝結し，重みを増して地上に降る。

アリストテレスには後継者がいなかったこともあり，銀河系と彗星は大気圏にあるといった説を含む多くの誤った仮説が残されました。それでも，虹とハロー（大気中に浮遊する氷の結晶による，光の屈折や反射で生じる七色の光の輪［弧］），雷と稲光，雹と雪についての何ページにもおよぶ入念な説明と分析から，細部まで目のいきとどいた彼の姿勢がうかがわれます。おかげで，天気がゼウスやアイオルスの怒りや恩恵に左右されるといった神がかりな時代は，分析的なアプローチに取って代わられるようになりました。

参照：中国，神話から気象学へ（紀元前300年），
気候変化を記録した沈括（紀元前1088年），
日常に役立つ気象学へ（1870年）

「アテナイの学堂」（1509年）は，イタリアの画家ラファエルの代表作で，『気象論』の著者アリストテレスなど，ギリシャの賢人たちが活発に議論をやりとりする姿が描かれています。

中国，神話から気象学へ

中国では，最古の筆録のいくつかは，「天気の言い伝え」について書かれており，「甲骨」に刻まれていました。紀元前1,050年に終わった商（殷）時代の後期にさかのぼる牛の骨や亀の甲羅からできた「甲骨」は，祭司などが使うことがあるだけで，神聖な収穫の農産物の作付けを見越したり，巡り来る季節の予兆を占ったりしました。

古代ギリシャで惑星の動力学についての考えが進化したように，中国の天気にかかわる言い伝えも，分析的なアプローチに代わっていきつつありました。中国の学者や聖職者は，観測を行って季節の移り変わりをたどりはじめ，正午に棒が投じた影を測定しました。影がいちばん長くなったとき，つまり太陽が空のいちばん低い位置になったときには冬至がやって来ます。そして，影がいちばん短くなったときには夏至を示します。

中国の天文学者は紀元前300年までに，黄道帯の太陽の位置にもとづく暦をつくりあげました。この暦は1年を二十四節気に分け，それぞれ春夏秋冬と移りかわる天候をあらわす名前がつけられています。大暑や小寒などは，年間を通じた気温の変化をあらわし，降水量や収穫期も暦に示されています。

紀元1世紀の後漢時代，思想家である王充《おうじゅう》（27 ~ 100）は，それまでの儒教の諸説をふまえ，天気を神々の仕業にする昔ながらの俗信などを払いのけようとしました。王充は，水循環を美しくとらえた著書『論衡《ろんこう》』で次のように書いています。

> 山から降りはじめる雨は,雲が雨を運んできて,雨を降らすと消散してしまう（そして,正しい）と考える人もいます。雲と雨とはまったく同じものなのです。水が水蒸気となって上昇すると雲になり，雲は凝集して雨になり，さらには露となります。

王充の考えが広く認められるようになったのは，19世紀から20世紀に中国近代の科学企業があらわれてからです。

参照：アリストテレスの気象学（紀元前350年），
気候変化を記録した沈括（紀元前1088年）

雲龍図（Dragon Amid Clouds and Waves）は，絹軸物に描かれた水墨画で，明王朝時代（1368年～1644年）の中国人画家により描かれ，作者不詳。古代中国では，天気にまつわる考え方に神話や伝承の影響を多々受けていました。

気候変化を記録した沈括

1088年

今日の気候とこれから先の気候についての極めて重要な洞察は，古気候学の分野からもたらされるものがあります。古気候学では，湖や海底の層状堆積物や，年輪，化石の化学組成，氷河氷に閉じこめられた古大気の気泡など，その場に残された過去の状態から永続性のある手がかりを研究していきます。

そうした科学の数々は，19世紀のヨーロッパにその起源をみます。ですが，最初に気候変化について，自然から集めたデータをもとに，特定の地域の気候がゆっくり変わる力について洞察をまとめた記録は，おそらく，中国の学者にして，エンジニア，哲学者，官僚でもある沈《しん》括《かつ》（1031 ~ 1095）によるものにほかなりません。

広範にわたる論文『夢渓筆談《むけいひつだん》』(1088年著)では，竜巻と虹について説をうち立て，稲光が室内の金属体を溶かすだけで壁が焦げる原理を観察しました。沈括には，木材への需要が高まることで，どれだけ森林資源が損なわれることになるいった環境保護についての洞察力がありました。

しかし，なにより注目すべきは，高い堤防が崩壊してしまった町での観察をもとに，決まった場所での気候は一定ではないという先駆的な観察をおしたことです。謎があきらかになったのは次のような場所でした。

このように，地中から竹林があらわれてきました。竹林には地下茎と幹のそろった数百個のタケノコが残されていて，すべて石化していました……現在，揚州ではタケノコは生育していません……おそらく，大昔の古代には，気候が異なっていたため，土地は低く，じめじめして，薄暗く，それが竹林にうってつけだったのでしょう。梧州市の金華山では，石化した松ぼっくりや杏仁でできた石，石化したパピルスの根，石化した魚，カニなどが見つかりましたが，すべて（現代の）土地に固有の動植物だったため，見ても誰もあまり驚きませんでした。ところが，これらの石化した竹林は地下深くからあらわれてきたのです。現在，この土地では生産されていないにもかかわらずです。これはかなり奇妙な現象です。

沈括の観察は，東洋であれ西洋であれ，自然の基本的な作用は，ときには激しく劇的ですらあっても本質的には変わらない，という長年の視点からの考えに大きな変化があったことをあらわしています。

参照：氷期の発見（1840年），泥炭湿地の歴史（1841年）

沈括（1031 ～ 1095年）の青銅製の胸像。宋王朝の科学者にして官僚。竹の生息しない地域での化石化した竹を調査したのち，気候（長年不変だとされていた）は変化する可能性があるという仮説をたてました。

中世温暖期から小氷期へ

数世紀にわたる「中世温暖期」は1100年ぐらい前に存在していた，という説が1965年，先駆的な古気候学者ヒューバート・ラムにより初めて打ちだされました。ラムは，それにつづく寒冷化についてのエビデンスもこう書いています。「1500年から1700年の間は，最終氷期が終わって以来最も寒い時期でした」。

何十年にもわたる研究を行っていくつかの空白が埋まっても，温暖期とそれにつづく「小氷期」とよばれる寒冷期がどのくらいの期間と地域におよぶのかという新たな疑問がわいてきます。

この「中世温暖期」の気候について，マサチューセッツ大学のレイモンド・ブラッドリー（と，二人の共著者）らは，2016年に発表した論文で異なる見解を提唱し，こう仮定しました。「725年から1025年の期間を，「中世静穏期（Medieval Quiet Period)」と見なす。この数世紀間だけが，過去2千年のうち太陽の変動や火山の噴火による気候システムへの大きな揺れがなかったからである」。

ヨーロッパでは，1315年から1317年にかけての大飢饉や1347年から1351年にかけての黒死病など，おおくの試練に見舞われた時期と寒冷化の時期が一致しています。しかし，寒冷化へ向かう重大な変化を引きおこした複数の要因については，いまだに矛盾する理論が打ちだされています。

最近の研究では，北極の海氷が膨張したことで衝突が広がり，誘発するように激しさを増した火山噴火の噴出で放出された火山灰が辺りをおおい，それが冷やされたことが一因だと指摘されています。

また，こうしたほんの短い期間に発生する破壊的な天候は，地球の複雑な気候システムの混沌とした変化から脱却させるためだけにおこる，ということもあきらかになりました。2016年刊行の『Climates of the Past』誌に掲載された論文によれば，この現象は，1430年から1440年にあらわれたようです。この期間に異例ともいえる寒冷期が口火をきり，ヨーロッパ全土におよぶ大飢饉や黒死病の大流行を引きおこしたのです。著者は次のように警告しています。「1430年代におこった自給自足の危機に関する分析によれば，異常な気候・環境条件に備えていない社会は脆弱であり，高い犠牲を払わされる可能性がある」。

参照：ロンドン最後のフロスト・フェア（1814年），
氷期の発見（1840年），地球の軌道と氷期（1912年）

鳥罠のある冬景色は，フランドルの画家ピーター・ブリューゲル（子）（1564～1638年）による作品。
ヨーロッパ気候史における寒冷期に，町の住民が凍った湖の上を歩いている様子が描かれています。

大航海時代

数千年前，筏や船で漂流する無名の革新者が，風に向かって布を揚げ，この変わりやすくても強力な風の力を初めて使い，帆走という基本構想を生みだしました。

帆船は，早くも3,400年前にはナイル川流域に帆影を落とし，埋葬室の壁画として記念に描かれています。ポリネシア文明は，帆走カヌーと繊細な航海術のノウハウを習得することで，太平洋諸島の隅々まで広がっていきました。中国からアラビア，地中海にいたるまでの世界初の大国の多くは，海洋で風に乗る力を得たことで，かなり名をあげてきました。

船体と帆装のデザインはだんだん洗練されていきました。中国は並はずれた海洋大国の力を，単純にいえば誇示して，1414年から1433年まで，60隻以上のジャンク（中国帆船）の船団を東南アジア経由でアフリカ（それから，ある筋によれば，おそらく南から大西洋へ）に派遣していました。船団の中心となったのは，巨大な９本マストの全長120メートルを超える木造船でした。

それにひきかえ，サンタマリア号は，コロンブスの航海（1492年）で使った3隻のうちでは最大でしたが，全長は35メートルほどでした。とはいえ，中国の指導者が内向き志向になったため，ヨーロッパ諸国は圧力をかけます。ヨーロッパの「大航海時代」（1571年から1862年まで）には，これまでを遥かにしのぐ帆船が世界最遠の海を往来するようになったのです。

軍事力と戦術が試された最大の試練の一つが1588年におこりました。スペインの130隻の「無敵艦隊」がイギリス海峡の支配権を得たうえ，2万人の兵士をイギリスに下船させようとリスボンを出発しました。ところが，予期しない悪天候と長距離砲に見まわれ，エリザベス女王の部隊に優位に立たれてしまったのです。

1800年代までには，海上貿易により，経済と文化の国際化が爆発的な勢いで引きおこされ，中国のお茶とカリフォルニアの金の貿易が活況を呈し，早く運べる高速帆船クリッパーの建造競争に火がつきました。1869年に開通したスエズ運河は，大きな混乱をまねき，やがて，蒸気船の時代へとなったのは言うまでもありません。

参照：ボーフォートによる風の分類（1806年），
風力の利用（1887年）

イギリスの帆船とスペインの無敵艦隊，有名な1588年の戦いが1700年以前の絵画に描かれています。
この戦いでは，天候の急な変化がイギリスに有利に働きました。

温度計の発明

西暦170年という相当な昔，ギリシャの医師で科学者ペルガモンのガレノス（130 ～ 216）は，等量の沸騰した水と氷を混ぜ合わせ，中心の状態に比べて，4℃冷たい部分と4℃熱い部分を測ることで温度の基準線を定義することを提案しました。

しかし17世紀初頭，イタリアのベネチアでは，継続して計測できる方法で熱を測定するという考え，つまり温度の発明の全貌があきらかにされたのです。そこではガリレオ・ガリレイ（1564 ～ 1642）と同志たちが，問題解決と試行錯誤という情熱を結合させ，測温器とよばれる新しい計器一式を生みだしました。現代の温度計まであともう一歩という完成度でした。

ライス大学の名誉教授アルバート・ヴァン・ヘルデンによれば，これは「自然の数学化」へむけた幅広い動きの一環でした。ヴァン・ヘルデンのガリレオの業績についての分析は，ガリレオプロジェクト（ galileo.rice.edu）のウェブサイトで見られます。ヴァン・ヘルデンは初期の測温器について，利用者が水の膨張によって温度変化を測定できるというのは，目新しいだけにすぎないと言っています。

またヘルデンは，ガリレオの同時代のベネデット・カステッリ（1578 ～ 1643）によって書かれた一節を引用しています。カステッリは，1603年頃にガリレオが手にした測温器を見たことを思い出して，次のように書いています。

ガリレオは，胴部が小さい鶏卵ほどの大きさで，首の長さが約40センチメートルある，麦わらのように細い小さなガラス製のフラスコを取り，両手で温めました。それから，フラスコの口を逆さまにして，フラスコの下に置かれた少し水の入った容器に入れます。ガリレオが，フラスコから手の熱を取りのぞくと，水はたちまち首の中を上がりはじめたので，フラスコは容器の水面より上に置かれました。ガリレオは，この作用を利用して暑さと寒さの程度を測定する機器をつくりました。

それ以降，この機器の設計は他の科学者たち，中でも，サントーリオ・サントーリオ（1561 ～ 1636）と，ガリレオの友人ジャンフランチェスコ・サグレド（1571 ～ 1620）らにより，改良がかさねられていきました。数字目盛が細い首にしるされてから，それほど間をおかずに最初の気象温度観測がはじまりました。

参照：ファーレンハイトによる標準温度計の発明（1714年），
熱い（世界一熱い気温）議論の決着（2012年）

ガリレオ・ガリレイ（1564年～ 1642年）が描かれた18世紀の油絵肖像画。ガリレオは温度は正確に測定できることを提唱し，この偉業を達成する方法を実験した最初の学者に数えられます。

虹の解読

虹は，人類の歴史をとおして，感嘆の念，好奇心，神話などの源となっています。たとえば，地球と神々の住まうアースガルズとをつなぐ北欧の道，ノアが大洪水ののちに祭壇を建てたあとに神からもらった承認の印，オーストラリアのアボリジニに伝わる虹蛇の伝説など。

西洋の文献をみるかぎり，アリストテレスが初めて虹の性質となぜあらわれるのかを説明しています。自著（『気象論』）で，虹は雨雲にふくまれる水滴に太陽光が屈折して反射されてできる，と述べています。この考えは，1304年にドイツの僧，フライベルグのテオドリクス（1250 ~ 1310）があらわれて異説を唱えるまで，17世紀にわたって根強く残りつづけました。テオドリクスは，水滴ひと粒ひと粒が虹を生成できるという説を唱え，プリズム，スクリーン，水の入った丸底フラスコを使った実験を考案。太陽から水滴を通りぬけて人間の目に届いた光の経路が虹をつくると決定づけました。

このテオドリクスの洞察は，ルネ・デカルト（1596 ~ 1650）が再発見するまで，どちらかといえば知られないままでした。デカルトはフランスの数学者にして学者であり，多くの人から近代哲学の父とみなされています。デカルトは，1637年の試論「気象学」（『方法序説』）で，虹の物理学を解体（脱構築）し，光が球状の水滴に入るとき屈折し，水滴の丸みを帯びた背面で反射し，水から空気に戻るときに再び反射するようすを説明しました。デカルトは，テオドリクスの丸底フラスコ実験をもとにしていますが，太陽光がフラスコを通るさまざまなポイントからたどる経路を正確に計算し，屈折角を決定しました。

アイザック・ニュートン（1643 ~ 1727）らはのちに，光のさまざまな波長，つまり色が混ざりあって昼光として認識される現象について洞察を打ちたてました。近代以降，こうした分野はますます複雑になる一方です。科学者たちが虹のできる原理をもっと突きつめて追及するようになってきたからです。たとえば，雨は大粒になれば球体ではありませんし，落下したときに空気抵抗のせいで底面はぺしゃんこになります。高品質になったデジタルカメラは，ほかにもたくさん変わった虹の特徴画像をとらえているため，解明が待たれる謎には事欠きません。

参照：アリストテレスの気象学（紀元前350年），
発光現象「スプライト（妖精）」の立証（1989年）

人類の歴史をとおして，虹は，アメリカの画家フレデリック・エドウィン・チャーチ（1826 ~ 1900）が描いたこの風景画「熱帯雨季（Rainy Season in the Tropics）」などの芸術や不思議議に思う気持ち，科学的な推測にインスピレーションを与えています。

大気の重さ

古代ギリシャ人の時代からガリレオまで，学者たちは空気には重力がないと考えていました。しかし，この考えは一転します。イタリアの物理学者で数学者エヴァンジェリスタ・トリチェリ（1608 ~ 1647）が，真空の性質を推測する実験を行い，革新的で広く適用できる結論を導き出したのです。

当時，ガリレオは物理的な難問を突きつけられ答えに窮していました。井戸掘り職人が9メートル以上のところからは水を吸いあげられないというのです。

このころ，フィレンツェにいた別の科学者ガスパロ・ベルティが，吸水に真空がかかわっているかどうかを実験するために，水を満たして垂直にした鉛管の下端を，水を貯めた槽に浸す実験を行います。そのとき鉛管の上部にできた空間を巡って，延々とつづけられた議論がまとめ上げられました。

トリチェリはといえば，1641年にフィレンツェに移り住み，ガリレオの秘書兼アシスタントを務めます。あとからみれば，主人ガリレオの生涯最後の数か月間でした。ガリレオが1642年に77歳で亡くなると，トリチェリは，ガラス管と，水の代わりに水銀を用いて以前よりも小ぶりな実験装置をつくって，先の難問解決に再び乗りだしました。

実験をつづけていくうちに，真空が発生しました。トリチェリはこの真空が発生したことで深い洞察を得るのです。というのは，チューブ内部に不思議な力が働いたために液体は引き上げられたのではなく，液体を下に押す外部からの大気の重さによって押し上げられたからです。トリチェリは1644年6月11日に同僚へ送った手紙で，次のように書いています。

「わたしたちは，壮大な大気の海の底で暮らしています。大気には重さ（大気圧）があることが実験であきらかになり，地表近辺の最も高密度の大気の重さは，水の重さの約400分の1であることがわかりました」。

トリチェリは，水銀密度が大気の状況しだいで変化することを観察しました。のちにおこなった講義の草案に，大気圧と天気の関係を解明したことが記されています。このような発言により，トリチェリは気象学の基礎を築きました。「風は，地球上の二つの地域間の大気の温度差，つまりは密度の差により発生する」。

参照：地球大気の形成（紀元前45億6700万年），
日常に役立つ気象学へ（1870年）

トリチェリは，液体金属の皿の中に逆さにしたチューブ内の水銀柱の高さの変化を測定することで，
大気圧を決定する方法を考案しました。

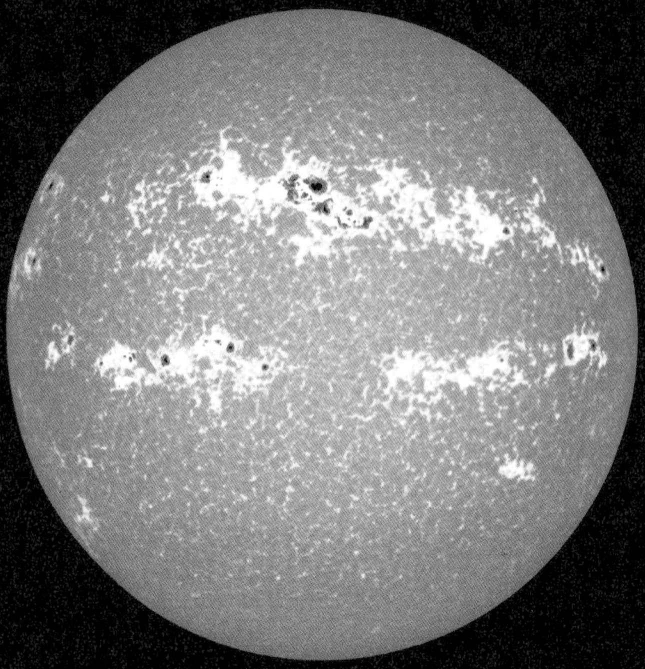

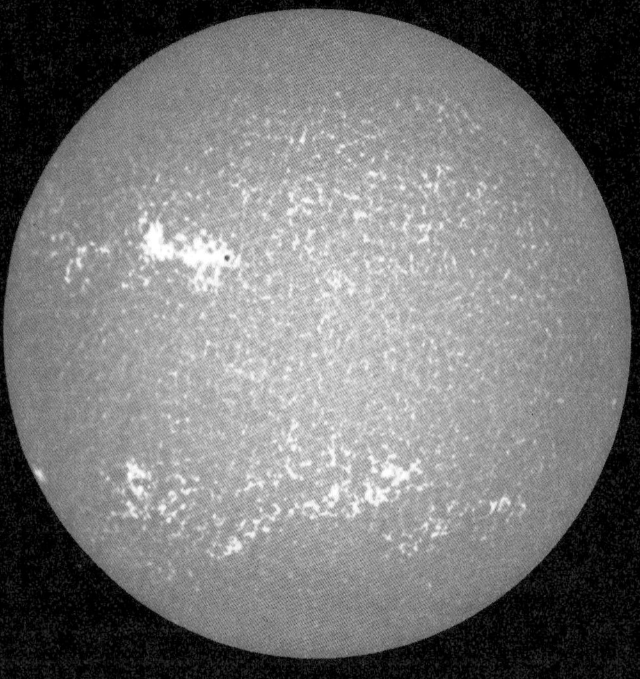

黒点のない太陽

太陽は，恒星にしては際だって安定しています。それでも，超高温の太陽内部の磁場が周囲より低温になるために黒く見える太陽の黒点が，地球科学にかかわる科学者たちの研究心を長い間刺激しつづけています。この黒点が記録された最古の観測は，紀元前28年の中国のものです。ヨーロッパでは，1600年代初めに，ガリレオや同時代の科学者たちが，最古の望遠鏡を使い，詳細な黒点の記録を取りはじめています。そして，1801年からはイギリスのウィリアム・ハーシェル（1738 ~ 1822）ら科学者たちが，太陽の変動は地球の気候に影響を与える可能性があると唱えはじめます。

19世紀半ばになると，太陽の黒点活動の11年周期があきらかになります。それから，研究者たちは，黒点の数十年にわたる周期を不活発期と活発期に分け，太陽活動極小期と極大期と呼ぶようになります。こうした現象で最も有名なのは，マウンダー極小期で，1645年から1720年までの太陽が不活発な期間をさします。この現象の概要は，1976年に『サイエンス』誌の画期的な論文であきらかにされました。著者の天文学者ジョンA.エディ（1931 ~ 2009）は，年輪の炭素同位体分析から過去の日食や黒点のパターンまで，驚くほど多くの証拠の調査を慎重に重ねたのです。さらに，この現象の呼び名をエドワード・マウンダー（1851 ~ 1928）とアニー・マウンダー（1868 ~ 1947）夫妻の姓にちなんでつけたのも彼です。この天文学者夫妻による古代の黒点記録にかかわる綿密な研究は，1894年に出版され，黒点周期に違いがあることを最初に指摘したものとなりました（当時の女性への偏見をあらわしていますが，アニー・マウンダーの研究への貢献は公には認められていませんでした）。

このマウンダー極小期が登場したのは，小氷期として知られる何世紀にもわたる期間で，当初は寒波を引きおこす大きな一因だと考えられていました。しかし，近年では研究が進み，どちらといえば他の要因が強く打ちだされるようになりました。

一部の科学者は，21世紀初頭に見られる太陽活動の変化が，新しい太陽活動極小期（過去1,000年で５回しかおこっていない）のはじまりかもしれないという説を唱えています。これをふまえて2013年に，アメリカ国立大気研究センターの科学者らは，新たな黒点の消失による地球の寒冷化が世界中に広がる温暖化を止められるかどうか調査を行いました。

これに対する回答は，このくらいの寒冷化では，温暖化を遅らせられたとしても長期間にわたっては食いとめられないでした。

参照：中世温暖期から小氷期へ（1100年），
地球にふりかかる宇宙天気（1859年）

太陽には，太陽黒点の活発期と不活発期とがあり，地球に届くエネルギー量に影響を与えています。これらの二つの画像は，1998年10月28日と2001年3月28日にNASAが撮影したもので，不活発期（下），活発期（上）という活動を示しています。

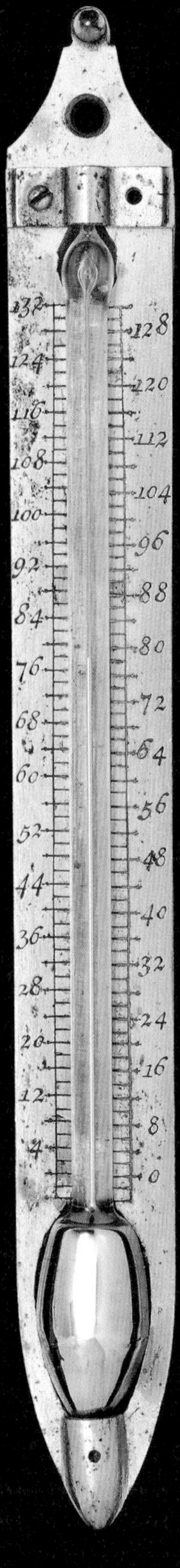
132
124
116
108
100
92
84
76
68
60
52
44
36
28
20
12
4
128
120
112
104
96
88
80
72
64
56
48
40
32
24
16
8
0

ファーレンハイトによる標準温度計の発明

ガラス管内に液体を利用する温度計は，1630年代に開発されました。ところが当時，温度計を使う科学者や学者らは独自で開発した温度計を使っていたため，基準点はばらばらでした。

共通する基準がなかったため，異なる場所や時間での測定値をすり合わせて比較する方法がありませんでした。科学的な観察を，ケーキのレシピのようにそれぞれが好き勝手な分量でつくったと想像してみてください。標準化された温度計が世の中に出てきはじめるのは，18世紀になってからのことでした。

この標準化された華氏（°F）温度計目盛の発明者は，ガブリエル・ダニエル・ファーレンハイト（1686 ~ 1736）という人物で，バルト海のダンチヒ港（現在のポーランド，グダニスク）の裕福なドイツ商人の末裔でした。16歳で，両親を同じ日に亡くしたあと（ある筋によれば，毒キノコを誤って食べたため），アムステルダムにやられ，小売商人として働くようになります。この店で４年間過ごすうちに，ファーレンハイトは，温度計などの科学機器づくりに興味をもちはじめます。1714年，初めにアルコール温度計を二つ完成させ，温度目盛りを0°F（食塩と氷をまぜた冷たい温度）から212°F（水の沸騰温度）としました。

1742年，スウェーデンの天文学者アンデルス・セルシウス（1701 ~ 1744）は，同時代に100分目盛りの温度計を開発した科学者の一人でした。セルシウスの取り組みを際だたせたのは，氷点と沸点という実用的な基準を使ったことです。水の凝固点（氷点）を100度とし沸点を0度と定めたのです。のちに，凝固点と沸点は目盛を入れ替えた現在の方式に改められますが。セルシウスは，自ら考案した温度計目盛を“centigrade”（ラテン語で百分度の意）とよんでいました。やがて1948年には，世界のほとんどの地域で，摂氏（℃）が温度の標準測定単位として採用されることとなりました。

そのほか，グラスゴー大学のエンジニアで物理学者ウィリアム・ロード・ケルビン（1824 ~ 1907）にちなんで名づけられたケルビン温度目盛りがあります。ケルビンは，1848年の論文で「絶対零度」を目盛りのゼロ点とする温度目盛りの必要性を説いています。ケルビン温度目盛りは，主に物理科学分野で使われる温度測定の単位です。科学者は，絶対零度（0K）が−273℃に相当するケルビン温度目盛りと，摂氏温度目盛りを同時に使うのです。

参照：温度計の発明（1603年），
熱い（世界一熱い気温）議論の決着（2012）

初期の温度計はガブリエル・ダニエル・ファーレンハイトが設計しました。
−4° Fから132° Fまでの目盛りが刻まれ，真鍮，ガラス，水銀でつくられています。

弦楽四重奏による「四季」

雨や風といった自然の力が奏でる響きは，人類の歴史を通し，音楽作品や楽器に影響を与えてきました。大太鼓による雷鳴から尺八の風の音まで，さらには，チリの先住民が乾燥サボテンからつくるレインスティックによる雨降りの音まで。西洋のクラシック音楽では，1721年頃にバイオリンの名手アントニオ・ヴィヴァルディ（1678 ~ 1741）が作曲した協奏曲集「四季」の中で，初めて気象学の影響が色濃く表現されました。

「春」，「夏」，「秋」，「冬」の各協奏曲は当時の雰囲気を，冷たい雨しぶきや，眠るように穏やかな音の重なりにのせて伝えています。今ではめったに演奏されませんが，各楽章にはソネット（十四行詩）がついています。たとえば，夏。

そよ風が外気をそよがせる。
しかし，威嚇するように，
とつぜん北風がそよ風を脇へ追いはらう。

ここでルートヴィヒ・ヴァン・ベートーベン（1770 ~ 1827）の登場です。彼は，1802年に，天気の雰囲気をそのまま音楽として表現する技法を使いはじめます。「田園交響曲」の第４楽章では，激しい雷雨が近づいて嵐となり，やがて観客の心にもあったにちがいない不安や緊張も高まりをみせるのです。ほかの作曲家たちも，われ先にこの技法を取りいれていきました。オックスフォード大学の物理学者カレン・L・アプリンとレディング大学の大気科学者ポール・D・ウィリアムズらは，2011年の英国機関誌『Weather』に掲載した論文で，数十年にわたるクラシック音楽の中に，天気がモチーフとなった頻度を数値化しました。クラシック音楽家でもある著者たちは，嵐は作曲家たちにとり，最も着想を得やすい気象現象だとわかりました。

19世紀後半，特殊な楽器が開発され，従来のオーケストラ楽器が増補されました。金属製の“サンダーシート”や，ウィンドマシーン（回転するシルクでおおわれたドラムで風のようなヒューという音を鳴らす風音器）などがあります。

近年では，温室効果ガスの増加により気候変動を危惧する声が高まったため，2013年，ミネソタ大学の若きチェリストで地理学の学生でもあるダニエル・クロフォードは，斬新にも気候データの可聴化（情報を伝達するために非言語音を使う）を試みました。作曲されたチェロの独奏曲は，NASAが記録した1880年から2012年までの年間世界平均気温を音符で表現しています。

参照：中国，神話から気象学へ（紀元前300年），
噴火飢饉怪談話（1816年）

アントニオ・ヴィヴァルディが，自分のバイオリンを手にして描かれています。ヴィヴァルディは，気象学から直にインスピレーションを得た最初の西洋の作曲家たちの一人です。

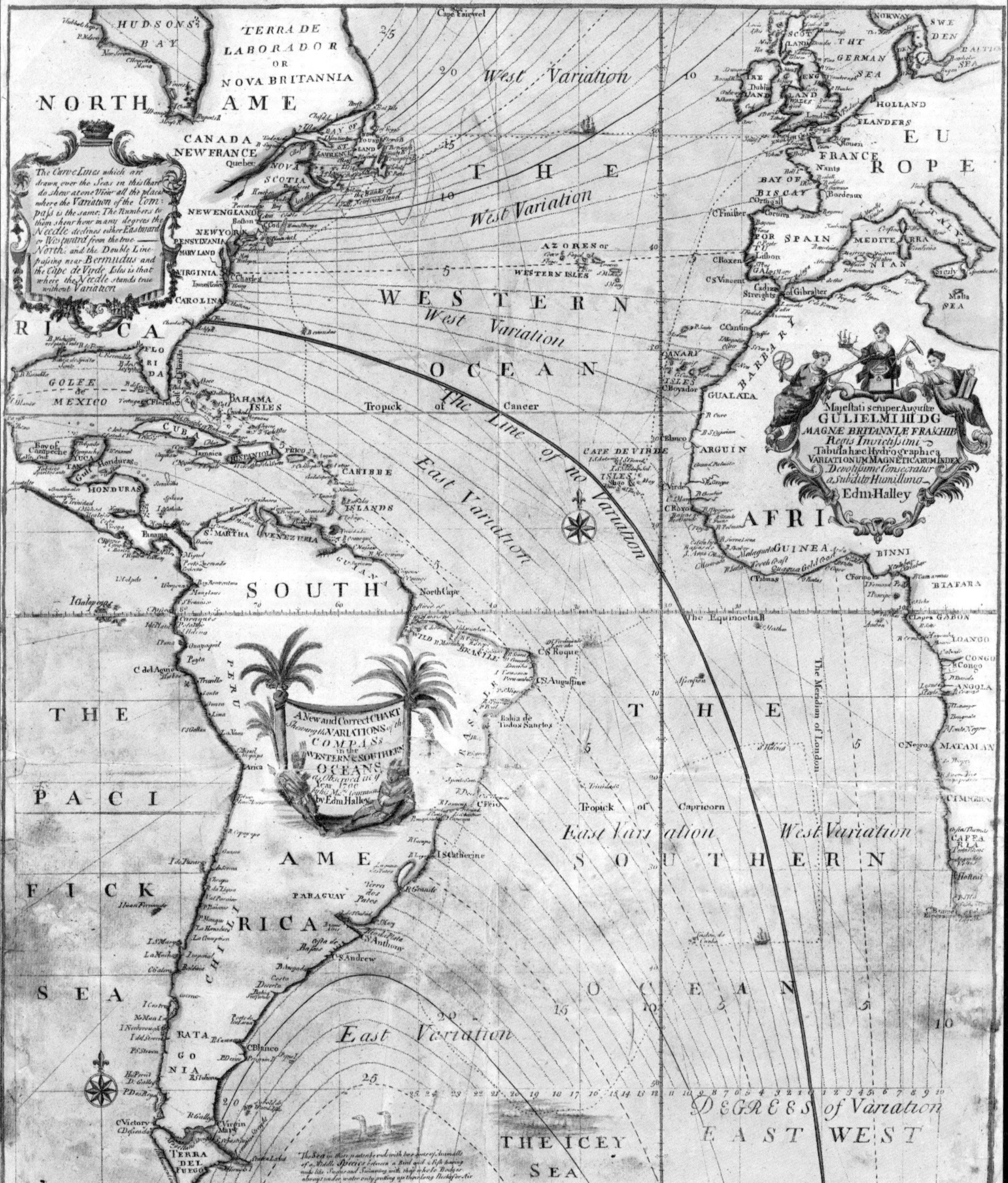
The Curve Lines which are drawn over the Seas in this Chart do shew at one View all the places where the Variation of the Compass is the same; The Numbers to them shew how many degrees the Needle declines either Eastward or Westward from the true North: and the Double Line passing near Bermudas and the Cape de Virde Isles is that where the Needle stands true without Variation
Majestati semper Augustæ GULIELMI III DG MAGNÆ BRITANNIÆ FRA&HIB Regis Invictissimi Tabula hæc Hydrographica VARIATIONUM MAGNETICARUM INDEX Devotissime Consecratur a Subdito Humillimo Edm. Halley
A New and Correct CHART Shewing the VARIATIONS of the COMPASS in the WESTERN & SOUTHERN OCEANS as Observed in y Year 1700 by his Ma:^ts Comma by Edm Halley
HUDSONS BAY
TERRA DE LABORADOR OR NOVA BRITANNIA
NORTH AMERICA
CANADA
NEW FRANCE
NOVA SCOTIA
NEWENGLAND
NEWYORK
PENSYLVANIA
MARY LAND
VIRGINIA
CAROLINA
FLORIDA
GOLFE de MEXICO
BAHAMA ISLES
CUBA
HISPANIOLA
CARIBBE ISLANDS
HONDURAS
S. MARTHA
VENEZUELA
THE WESTERN OCEAN
West Variation
The Line of no Variation
East Variation
AZORES or WESTERN ISLES
CANARI ISLES
CAPE DE VIRDE ISLES
Tropick of Cancer
The Equinoctial
Tropick of Capricorn
The Meridian of London
SOUTH AMERICA
PERU
PARAGUAY
CHILI
TERRA DEL FUEGO
C Horn
THE PACIFICK SEA
THE SOUTHERN OCEAN
West Variation
East Variation
THE ICEY SEA
EUROPE
SCOTLAND
IRELAND
ENGLAND
HOLLAND
FLANDERS
FRANCE
BAY OF BISCAY
SPAIN
PORTUGAL
ITALY
MEDITERRANIAN SEA
C. Gibralter
THE GERMAN SEA
NORWAY
SWEDEN
BALTICK SEA
AFRICA
BARBARY
GUALATA
ARGUIN
GUINEA
BINNI
BIAFARA
GABON
LOANGO
CONGO
ANGOLA
MATAMAN
CAFFARIA
DEGREES of Variation
EAST WEST

風の循環図

天文学と数学の分野で最も有名な科学者エドモンド・ハレー（1656 ~ 1742）は，多くの業績で知られています。ハレーは，さまざまな地域で,なぜ予測可能な風がで吹くのか，その理由の解明に乗りだしました。1676年に，彼は南大西洋のセントヘレナ島に出航し，北半球の温帯地域から赤道を越えて南に向かい，南半球の星を調べました。1686年，ハレーは革新的な「世界の風の循環図」と，熱帯の熱が赤道付近と赤道から遠く離れた風の普遍的な動きの要因であるとの論文を発表しました。そこで,大気の西向きの動きは，太陽が東から西へ移る動きと連動しているという説を唱えるものの，同僚の数学者ジョン・ウォリス（1616 ~ 1703）がこれに疑問をはさむと，ハレーは自分の仮説を疑いはじめたと書いています。

1735年，弁護士でアマチュア気象研究家ジョージ・ハドレー（1685 ~ 1768）が，この貿易風の争点となっている大気循環について決着をつけます。「一般貿易風の原因について」という画期的な論文により，ハレーの説と同じように，熱せられて密度が低くなった大気が上昇して極へ向かって流れると，今度は冷却されて密度が高くなり下降するという循環が生じるという説を唱えました。しかも，風が傾度をなして流れる理由をこう説明しています。「地球の自転速度は赤道で最高になるため，基本的に赤道に近づいてくる気流は遅くなる」また，次のようにも書いています。

熱帯地方から赤道に向かって流れる気流は，下降した緯度よりも速度が遅いため，到達緯度における地球の日周運動とは相対的に逆向きの運動をして赤道へ向かう流れと合流する。すなわち，北東の風が赤道の北側に発生し，そして南東の風が南側の……

さらにもう一世紀かかって，ようやくこの複雑な大気循環システムの残りの全貌があきらかにされました。しかし，基本的な大気循環の機構はハドレーの提案したものと合致しているため，ハドレーセルとして知られるようになりました。

参照：ボーフォートによる風の分類（1806年），
風力の利用（1887年）

観測の一部の地図は，1676年に南大西洋のセントヘレナ島を行き来する間に描かれました。エドモンド・ハレーは，10年後に熱帯の貿易風の地図を作成し，地図製作史上マイルストーンとして認められています。

ベンジャミン・フランクリンの避雷針

ベンジャミン・フランクリン（1706～1790）は，アメリカ合衆国の建国の父として名を連ねていることでよく知られます。著述家，印刷業者，発明家，科学者，郵便局長，外交官，市民活動家のほか，初期の電気の科学的研究にはことさら没頭していました。1747年にフランクリン自らも実験作業をはじめ，偶然に強い電撃を受けます。「頭から足の先まで全身に万有の一撃が走った」とこの一件を手紙に書いています。

気象学も学んでいたフランクリンは，稲光は静電気のようなものだと確信しはじめると，この強力な気象の脅威から建造物を守る手段をいろいろと模索しだします。1749年，フランクリンは，先端の尖った鉄の棒を接地させれば，建物を落雷の被害から守ることができるはずである，という理論を展開しはじめます。

1752年6月，フランクリンは，フィラデルフィアの教会の尖塔が完成する日を，自作の避雷針の理論を試す施設に使うつもりで，しびれを切らしつつ待ちこがれていました。しかも待ちきれず，激しい雷雨の中で糸に鉄の鍵を結びつけた凧を揚げる，というあの命取りになる伝説の実験をおこなったのです。幸運にも，彼自身はこの実験をケガ一つなく乗り切ってみせたものの，そのあと，これを再現しようとして感電死した科学者も出ます。この業績のうわさがヨーロッパまで広がると，フランクリンの考えを裏づける実験がいくつか行われるようになりました。

フランクリンは凧揚げの実験と避雷針の設計により，電気は地面への抵抗が最も少ない経路を見つけようとする，という科学原理をあきらかにしました。これらの洞察をもとに，フランクリンは，1753年次の年鑑『Poor Richard's Almanack』に，落雷から家を守る方法を解説する記事を載せました。システムはこれら三つの重要な要素からできています。屋根の上に取りつけられた金属棒，屋根の水平導体（金属など電気を通す物体），帯電を接地接続へ逃がす垂直導体。

フランクリンは自宅に避雷針をたて，斬新な飾りを取りつけました。接地線（アース）が帯電すればベルが鳴り，家の上の空気が帯電していると知らせるというもの。やがて，フランクリンの避雷針は，独立記念館になったペンシルベニア州議会議事堂など，いくつかの著名な建造物に設置されました。

参照：フランクリンによるつむじ風の追跡（1755年），
発光現象「スプライト（妖精）」の立証（1989年），
世界一の稲妻地帯（2016年）

「Benjamin Franklin Drawing Electricity from the Sky」（1816年頃）は，米英画家ベンジャミン・ウェスト（1738～1820）により描かれた，フランクリンの有名な凧揚げ実験です。

52	61	4	13	20	29	36	45
14	3	62	51	46	35	30	19
53	60	5	12	21	28	37	44
11	6	59	54	43	38	27	22
55	58	7	10	23	26	39	42
9	8	57	56	41	40	25	24
50	63	2	15	18	31	34	47
16	1	64	49	48	33	32	17

Fig. III. Page 326.

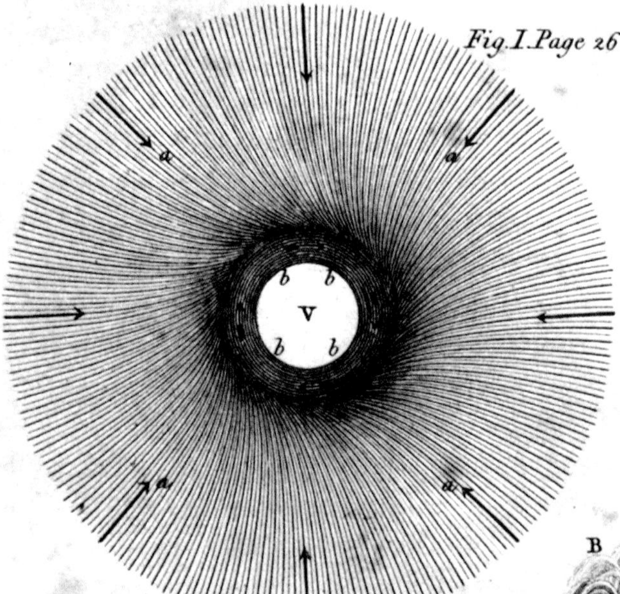

Fig. I. Page 26.

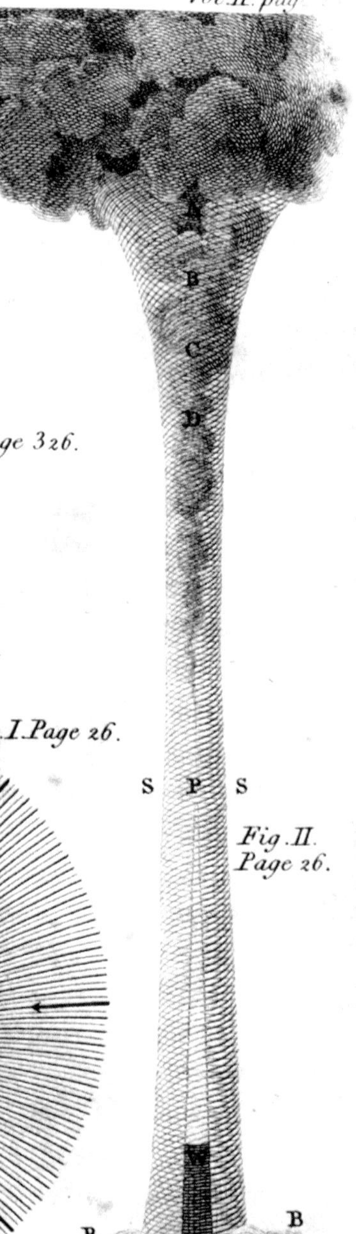

Fig. II. Page 26.

Published as the Act directs, April 2. 1806, by Longman, Hurst, Rees & Orme, Paternoster Row.

フランクリンによるつむじ風の追跡

ベンジャミン・フランクリンは，雷や電気の研究実験に没頭するかたわら，長らく竜巻などのつむじ風にも魅了されてきました。いろいろ竜巻について手紙のやりとりや著作物，特に竜巻に関する1753年に発表された詳細な論文が残されていることからもわかります。この論文には，解剖学とエネルギー論の理論を打ちだすため，事細かに描かれた図も載っています。

しかもフランクリンは，もっとつっこんだ観察がしたくてたまらないようすでした。1755年，フランクリンと息子ウィリアムは，メリーランドにあるベンジャミン・タスカー大佐の屋敷に泊まっていました。滞在中に田園地方へ足を運んだとき，巻きあがったばかりのつむじ風に出くわします。フランクリンはその一部始終を，電気部門の派遣記者ピーター・コリンソンへ詳しく手紙で報告しています。以下は抜粋です。

つむじ風は円錐の形をしてあらわれ，その場で回転すると，丘を上ってこちらに向かって大きく広がってきました。わたしたちのそばを通りすぎると，地面近くの小さくなった所は普通の樽ほどになったものの，上に広がっていくにつれ，高さは15メートルぐらいで直径は９メートルほどになりました。息子とわたしの他は身を寄せて突っ立っているだけでしたが，わたしの好奇心はおさまりません。つむじ風のあとを追いかけ，そばにすり寄りながら，つむじ風の足もとのチリが舐められるように根こそぎ巻きあげられるようすを観察しました。水上におこる竜巻が噴きあがったばあい，一撃すれば竜巻を断ち切ると言われていたため，この小さなつむじ風をムチでなんども打っては断ち切ろうとしました。が，なんの効きめもありません。

そのあと，つむじ風は回転しながらタバコ畑を横切って消え，空いっぱいに葉っぱを巻きあげました。そこでようやく彼は追跡をやめました。フランクリンは，このようなしゃれっ気のある報告で先の一件を結びます。「メリーランド州でこんなつむじ風は珍しくないかどうかをタスカー大佐に訊ねたところ，タスカー大佐は愉快そうに答えてくれました。「いや，珍しくないどころか，それより，フランクリン氏をおもてなしするために，わざわざご用意したようなものです。多少度は過ぎたようですが……」。

参照：ベンジャミン・フランクリンの避雷針（1752年），
ボーフォートによる風の分類（1806年）

「水上に起こる竜巻の図表」は，1806年に再発行された『The Complete Works in Philosophy, Politics, and Morals, of the Late Dr. Benjamin Franklin』の中の論文「Water-spouts and Whirlwinds」に付属しています。

最初の気象観測気球の飛行

ジャン・フランソワ・ピラートル・ド・ロジェと，アルロンデ侯爵は，1783年11月21日に最初の有人気球飛行を成しとげました。素晴らしい光景を目の当りにしたベン・フランクリンは，自身の日記に上昇の瞬間についてこうつづっています。「気球が威風堂々と離昇するのをだれもが見守った。高度が75メートル前後に達すると，勇敢な空の航海士たちは帽子を下げ見物人に敬礼をした。畏敬の念と称賛の入りまじった感情を抱かずにはいられなかった」。

飛行前に気象観測気球を揚げて上空の風を調べたことは，ささやかながらも意味のある節目を示します。そのあと数十年の間に，気象観測気球は年々精巧になっていき，大気の構造と組成をあきらかにする目的で使われつづけたのです。今も変わらず気象学者に不可欠なデータを提供しています。

フランスの気象学者レオン・ティスラン・ド・ボール（1855 ~ 1913）は，気象研究の先駆者として数えられています。1896年，ド・ボールは，高度11キロメートルを超えると，それまでとくらべ大気の温度が一定にとどまることを発見しています。1900年には，大気の層は性質の異なる二つの層に分かれていると結論づけました。ド・ボールは下層大気を「変化する圏」という意味で，対流圏とよびました。対流圏には，大気中の空気や酸素のほとんどがあるばかりか，すべての天気が発生する層でもあります。成層圏は，安定して見える上層という意味で名づけられました。

あらゆる人工衛星や監視システムなどをどんなに駆使しようと，いまだに世界800か所から気象観測気球が1日2回，まったく同じ時間に上げられています。気球は，上空の大気の状態を調べるために，ラジオゾンデという気象観測器具と無線送信機をつけて約29メートルの高さまで運び，天気予報用の情報を集め，温度，湿度，圧力の測定値は，無線で地上局に送信されます。送られたデータは，天気図の作成や天気予報の作成シミュレーションの改善に重宝されています。

これらの他に，気候変動や大気汚染の研究などの研究プロジェクトに使われる気象観測気球もあります。さらに，科学者は，気象観測器具を気象観測気球から嵐の中へ放ち，異なる高さでの特定の嵐の風速と風向を知ることもできるのです。

参照：フランクリンによるつむじ風の追跡（1755年），
風力の利用（1887年）

ラジオゾンデ測定の初期におこなった試験運転には，水素を充填した気球が含まれていました。
このセオドライト（経緯儀）は，気球が見える距離の限界まで追跡するために使用されました。

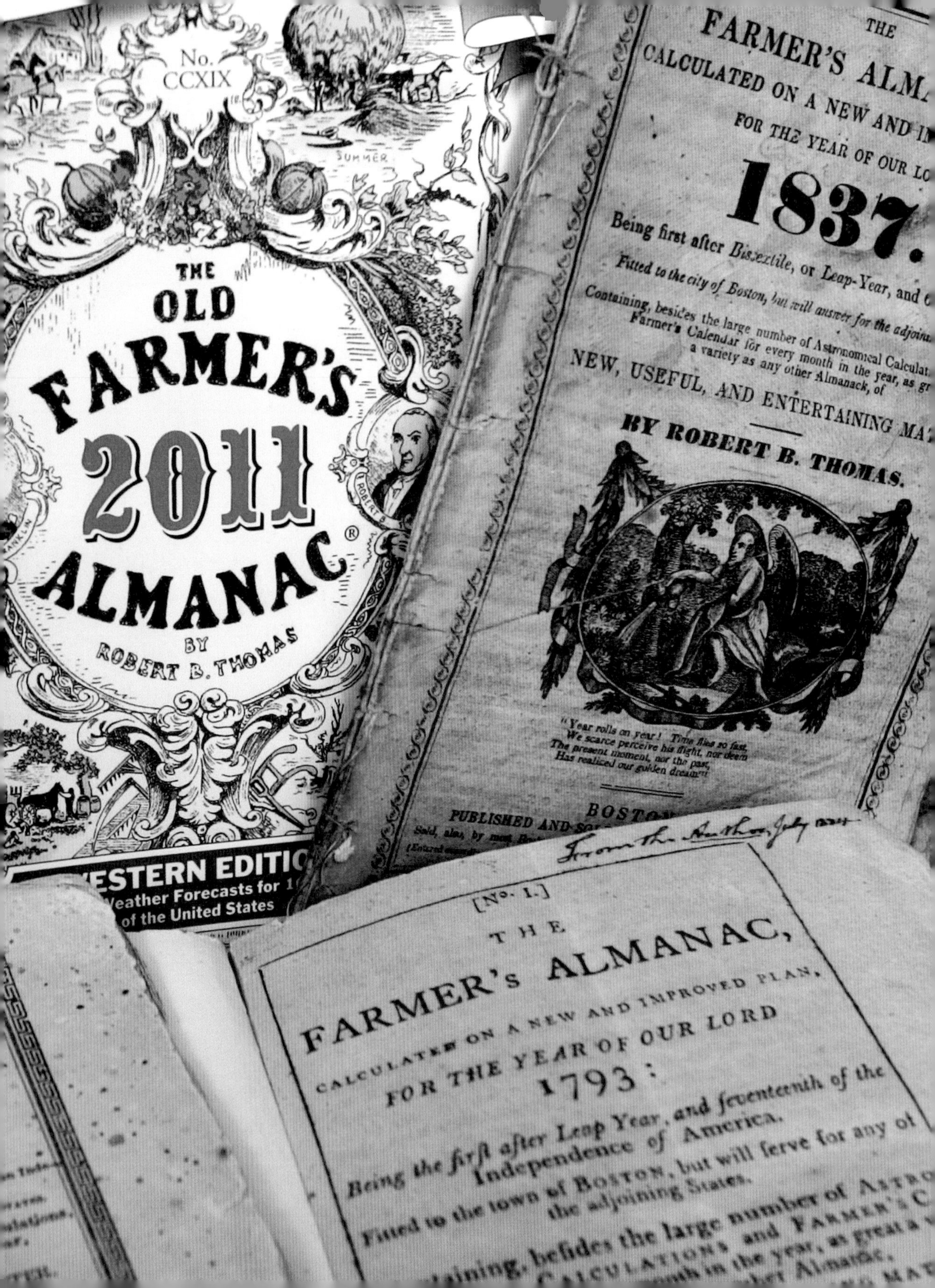
No. CCXIX
SUMMER
THE OLD FARMER'S 2011 ALMANAC®
BY ROBERT B. THOMAS
of the United States
THE
1837.
NEW, USEFUL, AND ENTERTAINING
BY ROBERT B. THOMAS.
"Year rolls on year! Time flies so fast,
We scarce perceive his flight, nor deem
The present moment, nor the past,
Has realized our golden dream!"
[No. I.]
THE
FARMER's ALMANAC,
CALCULATED ON A NEW AND IMPROVED PLAN,
FOR THE YEAR OF OUR LORD
1793:
Being the first after Leap Year, and seventeenth of the
Independence of America.
Fitted to the town of BOSTON, but will serve for any of
the adjoining States.

農民の生活暦

はるか昔から人間の営みとともに暦は数えきれないほどつくられてきました。中でも大胆な長期天気予報を売りにする『The Old Farmer's Almanac（元々はThe Farmer's Almanac)』（農民の生活暦）は，1792年にロバートB. トーマス（1766 ~ 1846）が創立して以来毎年欠かさず発行されています。

トーマスは太陽周期やその他の気象現象を観察して秘密の天気予測モデルを考案し，これは今でもニューハンプシャー州ダブリンにある出版社オフィスで，鍵をかけた黒いブリキ箱に保管されています。暦の天気の予測は，80%の精度を誇ってきました。しかし，1981年大気科学者ジョン・ウォルシュとデビッド・アレンの二人が『Weatherwise』誌で違う見解を発表します。『The Farmer's Almanac』の気温と降水予報の正確さを評価すると，その予測精度は50%そこそこであったというのです。

この発表は，農民の生活暦の天気予報をあまり真に受けないほうがいいと言われたようなものでした。1829年にトーマス本人もこう書いています。この暦は「役立つだけでなく，ある程度ユーモアも添えるよう心がけています」。生活暦の評判は，1816年にたまたま出版されてしまったドンピシャリな予想がもとで高まったと言われています。今日の『The Farmer's Almanac』と『Yankee』誌の編集長を長らく務めてきたジャドソン・ヘイルによれば，その年の版は1月～2月の予測が7月～8月と誤って置き換えられてしまったというのです。暦の創立者トーマスは，印刷された雑誌をすべて回収しようと懸命に手をつくしたものの，天気予報の一件はすでに漏れてしまっていたのです。「トーマスはとんでもない笑い者にされました。ですがそれも7月まで。なんとニューイングランド一帯に雨霰雪が降りだしたのです！」とヘイルは書いています。

事の顛末は，1815年にインドネシアでタンボラ山が噴火し，大気中にガスや塵を噴き上げたことで地球の温度を下げ，トーマスの暦通りに夏の雪をニューイングランドに降らせたということでした。一方，運に見放され大失敗に終わった1938年版では，編集者のロジャー・スカイフが天気予報を気温と降水量の平均値にうっかり置き換えてしまいます。アルマナックのウェブサイトによれば「世間の非難の声はおさまらず，翌年の版で天気予報を元に戻したものの手遅れで，スカイフの評判は立て直せませんでした」。

参照：噴火飢饉怪談話（1816年），
グラウンドホッグデー（1886年）

創業から200年以上たった『The Old Farmer's Almanac（元々はThe Farmer's Almanac)』は，長期天気予報に隠された「秘密の天気予測モデル」にもかかわらず，いやもしかして，そのおかげで熱烈なファンが絶えません。

Lewis, sculp

ルーク・ハワードによる雲の命名

ロンドンの薬剤師でアマチュア気象研究家のルーク・ハワード（1772 ~ 1864）は気象分野で初めて雲を分類する方法を提唱しました。1802年の12月の夜，ハワードが唱える雲の分類法が会員らがアスケシア会とよぶ科学を志す若者たちの会合で発表されました。この夜のハワードの講演は「雲の変化について」と題され次のようにはじまりました。

今晩の講演は，いつになく現実ばなれした議題だと思われる方もいらっしゃるかもしれません。今日は，雲は変化するということについてお話しします。ここのところ，気象学への注目が高まりつつあるせいか大気中に浮遊して姿をさまざまに変える水の研究は，雲の研究にとって興味深いどころか，なくてはならないものとなっています。雲が，形づくられた大気の塊に含まれる水蒸気が凝結しただけのものなら，また，雲のバリエーションが，大気の動きだけで生まれるものなら，その場合，この研究は実態のないものを追いかけているにすぎないとみなされるおそれがあります……。

この講演によって，気象学という学問が正式にはじまりました。さらに，このときの講演は翌年には書籍化され，ページを飾ったハワードによる雲形のイラストはあとから出版された紙面にもほぼ20年にわたり，たびたび登場するようになります。注目すべきは，わずかな変更を加えただけのハワードの雲の分類が今でも立派に使われ続けていることです。気象学者，ひいては広く一般の人が雲を説明するときに，いまだに彼の「巻雲」「積雲」「層雲」という用語を使っているのです。

ハワードの雲の分類は新事実であったので，これまでそれぞれ単独にまとめられていた圧力や温度，降雨や雲などが，どのように関係しているのかという理論について，組織的な思考が欠けていたという課題に気づくことになったり，また，これらの理論の秩序感覚をもたらすこととなりました。さらに印象深かったのは，ハワードのこの直感です。「雲，というのはまじめな仮説と実践的な研究の対象であるうえ……決まった法則に影響されていると見なすべきだ」こうした雲の物理現象についてのハワードの考えは，当時大気や水蒸気のもつ物理現象への理解が浅かったわりには，いたって理にかなったものでした。

—G. S.

参照：ボーフォートによる風の分類（1806年），
初の国際雲図帳（1896年）

ルーク・ハワードによるイラストの一枚。1803年に出版された本に掲載され，雲形の描写としては先駆け的なものとなりました。

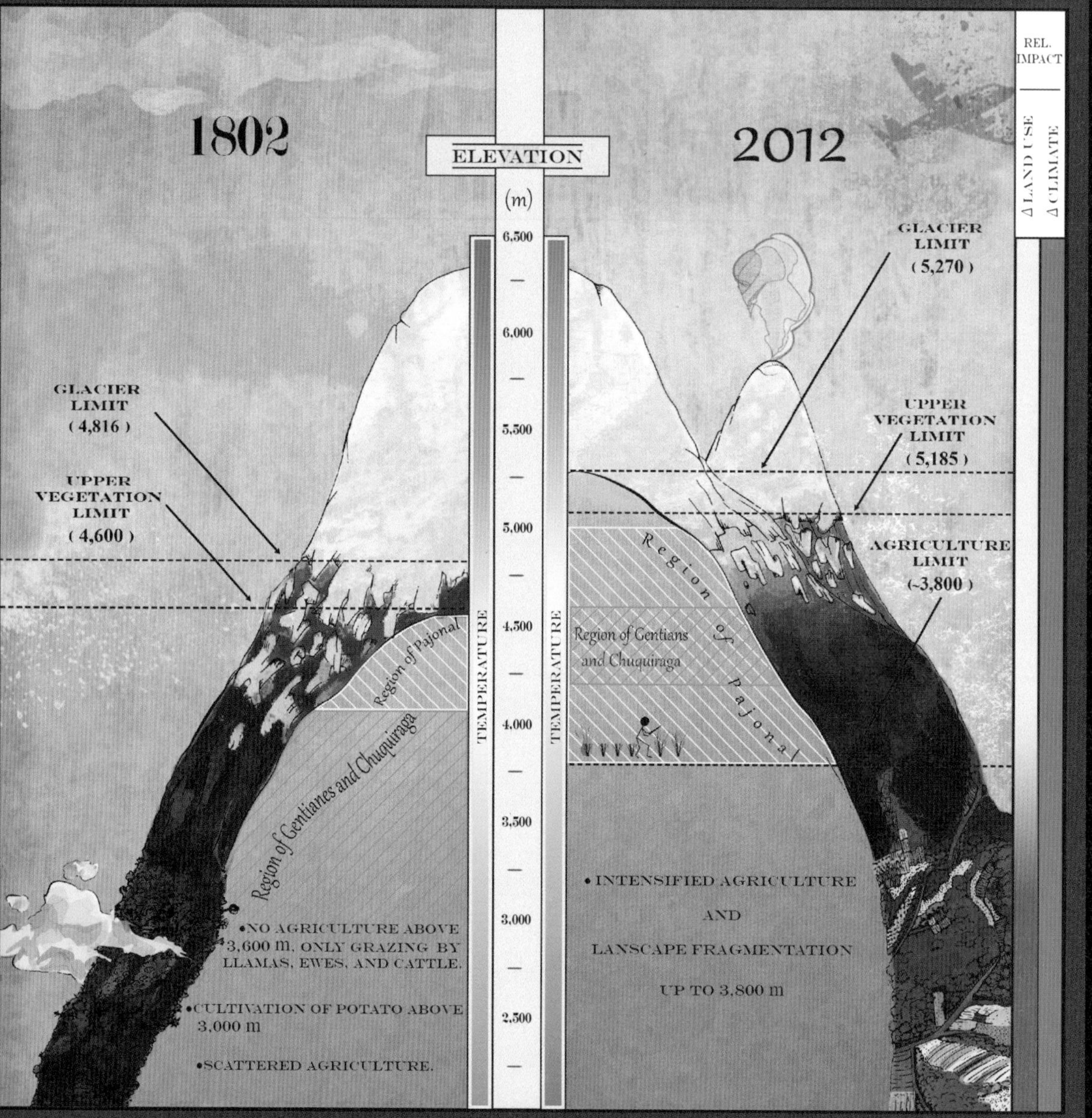

1802
2012
ELEVATION
(m)
6,500
6,000
5,500
5,000
4,500
4,000
3,500
3,000
2,500
TEMPERATURE
TEMPERATURE
REL. IMPACT
Δ LAND USE
Δ CLIMATE
GLACIER LIMIT (4,816)
UPPER VEGETATION LIMIT (4,600)
Region of Pajonal
Region of Gentianes and Chuquiraga
•NO AGRICULTURE ABOVE 3,600 m, ONLY GRAZING BY LLAMAS, EWES, AND CATTLE.
•CULTIVATION OF POTATO ABOVE 3,000 m
•SCATTERED AGRICULTURE.
GLACIER LIMIT (5,270)
UPPER VEGETATION LIMIT (5,185)
AGRICULTURE LIMIT (~3,800)
Region of Gentians and Chuquiraga
Region of Pajonal
• INTENSIFIED AGRICULTURE
AND
LANSCAPE FRAGMENTATION
UP TO 3,800 m

フンボルトの地層断面図

かつてナポレオン・ボナパルトが唯一その名声を羨んだとされる人物，アレクサンダー・フォン・フンボルト（1769 ~ 1859）の噂は，19世紀初頭に入って広まりました。プロイセンの流浪の博物学者で地理学者でもあるフンボルトは地域環境の特徴や地球規模のつながり，さらには人類の活動の広がりによってもたらされる環境破壊の可能性までを見通すような並み外れた目をもっていました。

南北アメリカ大陸を縦断した遠征旅行（1799 ~ 1804年）の1年後にはフンボルトは日記で「人類のいたずら」が「自然の秩序」を乱していることに触れています。

1802年には，チンボラソ山（当時の大コロンビア，現在はエクアドルとよばれる国にある火山）の山腹を5,791メートル以上も登って登頂記録を打ちたてたばかりか，山で繰りひろげられる生物界と物質界の深いかかわり合いについて，きわめて貴重な洞察も得ました。さっそくチンボラソ山でのスケッチをもとにフンボルトは山の気候と生態地帯の側面図を描き，目を引く注釈をつけました。これを，情報などをわかりやすく伝えるために視覚化した最初のインフォグラフィックとみなす，現代のイラストレーターもいます。

さらに最近では，2012年に国際的な科学者チームがフンボルトの過去の観測や分析を再現し，イラストに描かれた生態地帯とその後変動がみられた現代の変異を，同じスタイルで左右対称に並べる対照比較を編みだします。チームの研究とアートワークは，2015年に『米国科学アカデミー紀要』で発表され，気候の温暖化と農業の侵食で引きおこされた生態系の劇的な変化があきらかにされました。

フンボルトが晩年に考案した等温線は，いまだに等しい気温をあらわす線として気候図に載っています。また，地磁気を測定する観測所のネットワーク設立に尽力したことで，国際的な科学共同研究の伝道者となりました。

さらに，フンボルトの書いた旅行記や書物は，チャールズ・ダーウィンからジョン・ミューアにいたるまで科学者や環境保護論者などに影響をあたえました。科学や社会にとってフンボルトの意義は，次のような人物たちの言葉からもしっかり伝わってきます。ダーウィンは，「フンボルトの旅に触発されて，ビーグル号での発見の旅に同行しました」と言い，フンボルトは「史上最高の移動科学者」であり「崇拝しています」と書いています。トーマス・ジェファーソンにいたっては，フンボルトを「この時代でひときわ光彩を放つ人物の一人」とみなしていました。

参照：噴火飢饉怪談話（1816年），初の国際雲図帳（1896年）

2012年に，国際的な科学者チームがフンボルトのチンボラソ山の調査を再現しました。そして2015年，この調査結果をフンボルトのオリジナル版と並べた先駆的なインフォグラフィックの現代版を発表しました。気候と環境の変化をあらわしています。

ボーフォートによる風の分類

そよ風って？　強風って？　風の強さを定義する標準的な方法はいつごろつくられたのでしょう。19世紀初頭になってようやく，アイルランド出身のイギリス海軍少将フランシス・ボーフォート（1774 ~ 1857）が簡単な方法を改良し，空気の移動で引きおこされる波から木の枝の揺れまで，環境特性の様相の変化にそって風速を説明しました。その結果，今ではこれはボーフォート風力階級とよばれています。

イギリス気象庁によれば，ボーフォートはウーリッジ号に乗船しながら，この風力階級表を考案したと言われています。1806年1月13日の個人の航海日誌で，初めて風の記録が記されています。船上での自然がもたらすヒントをおおいに活用し，「これより風の強さを推測する」こととすると決意を書いています。1807年に，この風力階級表を少し修正した結果，0から12まで階級がつけられ，13階級までの風の強さに分けられました。たとえば，ボーフォートで風力0は平穏で，風速は1ノット未満であると記され「水面は鏡のように穏やか」とあります。風力の階級が上がるにつれて，様子の説明に合わせて風速も強まります。ハリケーンの風力12で次のように説明されれば誰も海には出ません。「山のような大波。大気は泡としぶきに満たされ，海面は完全に白くなる。視界は非常に悪くなる」。ボーフォート風力階級表は17まで風速値が定められていますが，13から17までは熱帯低気圧の台風にのみ適用されます。

1916年には急速に，蒸気動力帆走にとって代わったため，風で様相が変わる帆の説明がいくつか削除され，一方海上の様子については詳細な説明が加えられました。陸上で使われる風力階級表は同じく風力13までですが，様相の説明は，陸上での風の変動に応じた地表物の様子の説明に代わっています。風力1では「煙はまっすぐ昇る」，風力12では「被害が更に甚大になる」となりました。

今日では，気象学者はめったにボーフォート風力階級表を使いませんが，何の道具も必要ないため，いまだに風力を測る良い方法です。

参照：風の循環図　(1735年) 猛突風 (1934)，
危険を伴うダウンバーストの正体 (1975)

ボーフォート風力階級表には，海上や陸上での目視による手がかりによって定義された風力が13階級あります。本書の著者であるアンドリュー・レブキンは，帆船ワンダーラストに一等航海士として働いていた1980年，紅海の南端で風力7に遭遇しました。風力７に達すると，風力階級表にあるように「波頭が砕けて白い泡が風に吹き流され」ます。

ロンドン最後のフロストフェア

西暦250年というかなり昔から，ロンドンのテムズ川をおおった厚い氷の記録がたくさん残されています。そうした歴史的な記録によれば，1309年から1814年の間に20数回の寒冷期が訪れ，その期間の氷が張ったテムズ川では，氷上で商売をしたり遊ぶことができたとあります。

いちだんと寒さが厳しさを増した年には，テムズ川の凍結により「フロストフェア（氷上縁日）」が開かれるようになります。氷の上が遊び場や道路や広場になり，その光景は「氷上のカーニバル」と，当時のある記録に残っています。氷がここまで厚くなりやすかったのは，川幅が現在にくらべて広かったためで，川がゆったりと流れていたからです。さらに，旧ロンドン橋に川の流れをよくするために19か所設けられていたアーチ型の橋脚にガラクタや板氷が引っかかったせいで，ますます流れが緩くなっていったのです。

とりわけ細かく記録された7回のフロストフェアは，のちに小氷期とよばれる時期の中心にあたる1607年から1814年の寒冷期の間に行われていました。1607年から翌08年のフロストフェアの期間中は，理髪師や靴屋，さまざまな商人たちの店が氷上に軒を連ねて，記念カードが印刷機で飛ぶように量産され，牛肉が焼かれて用意されたお酒が足りないくらいの盛況ぶりでした。

1683年から翌84年の大霜期にあたる冬には，まる２か月間テムズ川は凍結したままだったため「ブランケットフェア」との異名をとりました。当時人気のあった日記作家ジョン・イーヴリンは，日記の中でその情景を次のように記しています。

> 大型四輪馬車がウェストミンスターからウェストミンスター寺院を，また別の階段からあちこちへと氷上をまるで通りのように行き来する。大型四輪馬車，ブルベイティング（牛いじめの見せ物），馬車レース，人形劇そして幕間の余興，酔っぱらい，それに下品な場所。これらは，川の上のバッカス祭の喜びやカーニバルのように見えるも，そこでは陸の上の厳しい審判が下り，木々は落雷にあったかのように裂け，男や牛までもが川の中で行き倒れている。海はすっかり氷に封じこめられてしまい，船舶が入港することも波立つことすらできない。

それから気候が穏やかになっていったうえ，1831年に旧ロンドン橋が新しい橋に建て替えられると，川はスムーズに流れるようになりテムズ川は凍りにくくなりました。

参照：中世温暖期から小氷期へ（1100年）

テムズ川のフロストフェア（1685年頃作者不明）は，旧ロンドン橋を遠くに眺める川の上に，ロンドン市民がこのフェアのために集ったことを表しています。

噴火飢饉怪談話

詩人のバイロン卿（1788～1824）は，1816年の夏，スイスのレマン湖畔にある別荘に文学仲間を招いていました。ところが，夏にしては異常な暗く冷たい長雨が続いています。外出もままならず退屈したバイロン卿は，暇つぶしに怪奇談を書こうと仲間に持ちかけます。このときバイロン卿が招いたメアリー・シェリー（1797～1851）は，のちに時代を超えたゴシック小説『フランケンシュタイン』となる着想を得ました。この長雨に触発されたバイロン卿は，詩『暗闇』を書きます。詩はこうはじまります。

夢を見た夢で終わらぬ夢を。輝く太陽は光を失い星さえも永遠の宇宙の闇を彷徨い光は失せ道も失せ凍りついた大地

レマン湖畔に滞在していた小説家たちは，当時の暗い長雨が，一年前に地球の裏側でおこった地殻大変動により引きおこされた地球規模の気候崩壊だとは，夢にも思わなかったことでしょう。

1815年4月10日に，しばらく一触即発の状態にあったタンボラ火山で大爆発がおこりました。オランダ領東インド諸島（現在のインドネシア）にあるこの火山の爆発音は，2,414キロメートル離れたところまでとどろき，降灰や津波，そして地元の災害によって数千人の住民が亡くなりました。

しかも，タンボラ火山は太陽光をさえぎる何千万トンもの硫酸の粒子を大気中に放ったため，一帯はまたたくまに粒子でおおわれました。バイロン卿と滞在中の作家らが経験したこの寒くて湿った気候は，本当に恐ろしい結末に向かいます。アイルランドとイギリスで，小麦やじゃがいも，オート麦の収穫ができなかったために，19世紀のヨーロッパで最悪の大飢饉がおこったのです。「夏のない年」とか「1800人が凍死した」とか言われるようになり，5月に霜が降ってマサチューセッツ，バーモント，ニューハンプシャー，ニューヨーク州北部の農作物が台無しになりました。6月には，ニューイングランドは雪でおおいつくされました。

世界中で９万人もの犠牲者が出たのは，天気が硫酸の雲の影響を受けたせいではないかと，科学者たちは推察しました。中国やインドでは雨季が乱れたせいで，揚子江渓谷が洪水に見舞われました。さらに，インドでは夏季モンスーンの終わりに降った大雨がもとで，コレラに似た病気がまん延したのです。

芸術にも影響がありました。火山性エアロゾルによって形成された場所は，ジョン・コンスタブル（1776～1837）の嵐の海岸線の風景などの，当時の絵画の傾向を形成することになりました。

参照：恐竜の絶滅と哺乳類の繁栄（紀元前6,600万年），
弦楽四重奏による「四季」（1721年），核の冬（1983年）

「ウィモウス湾」は，英国の画家ジョン・コンスタブル（1776～1837）によって，タンボラ火山が噴火したあとのイングランド南海岸の暗い灰の空が描かれています。1819年から1830年の間に描かれたこの作品は，コンスタブルが1816年の夏のない年に，新婚旅行で描いた初期の作品に影響を受けています。

スイカ雪

イギリス海軍大佐ジョン・ロス（1777～1856）が率いる北西航路を発見するための探査は，1818年に失敗に終わっていました。一行は北アメリカ大陸の北側を通って，太平洋と大西洋を結ぶ入り組んだ複雑きわまる地形にすっかり惑わされて，引き返してしまったのです。グリーンランドの西海岸を航行する帰路で，ロスは奇妙な光景に出くわします。白い氷におおわれた断崖に，独特なピンク色の雪がまざっているのが目に飛びこんだのです。ロスは船を停泊させると，そのピンク色の雪を（あきらかに水と思われますが）サンプルとしてイギリスに持ち帰ります。ロンドンの1818年12月4日付の『タイムズ』誌では，疑念をいだきつつもこの発見を次のように取りあげました。

> ジョン・ロス大佐がバフィン湾から大量の赤い雪というより雪解け水を持ち帰り雪の着色物質の性質を解明するために本国で化学分析に提出。ここでわれわれの見解が激しく問われる一方，出された事実は認めざるをえない。

ピンクの雪についてはこれまでも，古くはアリストテレスから学者たちがさんざん言及してきています。しかし今はもう科学的な解析ができる時代です。ロスは，鉄に富む隕石の屑が原因でピンク色に染まるのではと言いだしますが，スコットランドの植物学者ロバート・ブラウン（1773～1858）は，真の原因は藻類種ではないかと示唆します。ブラウンのほうが正しいとわかりました。

今ではスイカ雪とよばれるこうした雪は，南極からユタ州までの多雪地帯で見られます。赤雪の現象があらわれるのは晩春と夏。雪解け水が薄層を形成して日光を浴びると，休眠中の藻類が急に活気づくからです。藻はもともと緑色をしていますが，有害な波長の光に対する一種の自然な日焼け止めとして赤い色素を生成するのです。

雪に色をつけると雪はあっというまに溶けだします。白い表面であれば太陽光を反射しますが，赤い雪は太陽光を反射する代わりに吸収するからです。2016年にドイツとイギリスの科学者が発表した研究では，グリーンランドのような場所にある氷河の表面をおおう黒い藻は，融解をすすめるため，気候変動の影響を予測するモデルにもその効果を取り入れる必要があることがわかりました。

参照：北極探検家たちを襲った最寒冷期の悲劇（1845年）

赤い雪はスイカ雪としても知られ，イタリア北部のドロミテ山脈のトレ・チーメ・ディ・ラヴァレード（ラヴァレードの３つのピークの意）をおおう藻類（この場合は鞭毛虫氷雪藻）によって引きおこされます。

A MEETING of UMBRELLAS.

Pub^{d} Jan 25 1782 by W.Humphrey. 227 Strand.

万人のための傘

何千年もの間，人々は往来を行き来するときに，どうすれば雨や陽射しから身を守ることができるのかと改良を重ねてきました。そうした考案品の最古の記録は，古代エジプトの象形文字と彫刻に，頭上に日傘（パラソル）をさした王族と神々の姿であらわされています。一方雨傘（アンブレラ）として使われだしたのは，約3,000年前の古代中国からではとみられています。エジプトなどで権威を引きたてるために使われる傘は，永らく君主らしさや気高さの証でした。凝った4段傘で警護させて権威を誇示する中国皇帝もいました。最大24層の傘で護られたシャムとビルマの支配者も挿絵に描かれています。

何世紀にもわたって，さまざまな工夫が重ねられてアジア風の傘がつくられ，やがて現代の折りたたみ式雨傘へと進化したため，大衆にも手が届きやすくなりました。

1830年に傘市場の広がりを知らせる初の傘専門店をジェームズスミス&サンズがロンドンのウエストエンドに創業しました。1850年代までに雨傘はイギリスの都市生活者がどこでも誰でも携帯できる持ち物として登場するようになります。サミュエル・フォックス（1815～1887）が発明した軽量スチール製傘骨が以前のデザインで使われたシルクや綿の生地を支えていたクジラのヒゲにとって代わられるようになったためです。

1855年にイギリスで出版されたウィリアム・サングスターによる注目すべき著書『Umbrellas and Their History』では風変わりなものから生活に不可欠なものまで雨傘の変遷を年代順に面白おかしく記録しています。

ほんの数年まえは，傘を持ち歩くような男は軽蔑されていたようだ。頭が古いとか，気を遣いすぎるとか。ところが今では便利さもわかり，だれもが傘を落ち歩くようになっている。しかも昔とはくらべものにならないほど安くていいものを。当時でも（今でも），生活が苦しくて，傘も買えないような人などいるのだろうか？傘もささずに雨の中をでかける男を見ると笑いたくなる。真っ先に傘を使いはじめた男たち（彼らよりずっと懸命な）を笑いものにしたように。いつでもどこでも雨風がしのげるというのに。

参照：「空調設備」（1902年），
ワイパー（1903年）

「A Meeting of Umbrellas（傘の会議）」（1782年）はイギリスの風刺漫画家ジェームズ・ギルレイ（1756～1815年）によって描かれました。当時，傘をさしている紳士の姿は，度が過ぎたダンディズムか女々しいと思われていました。

氷期の発見

ヨーロッパでは，19世紀初頭に学者たちがアルプス高原に広がる景観を前に，あれこれ考えあぐね，岩盤についた大きな引っかき傷のような跡や巨人が投げ散らかしたような岩塊を見ては頭を抱えていました。18世紀を通じてこうした特徴をした景観は聖書にある古代の大洪水の痕跡だろうという説が有力でした。しばらくすると新しい考えが徐々に出はじめます。1815年にスイスの猟師で登山家のジャンピエール・ペローダンがアルプス山脈の谷間に散らばる巨大な花崗岩（迷子石）は氷河の発達により運ばれたものにちがいないと結論づけました。ペローダンは自分の観察をスイスの技術者イグナス・ベネツ（1788 ~ 1859）に説明します。ベネツはさっそくこのアルプス高原の特徴を調べはじめそのあと1829年にこの氷河説について講義を行いました。ところがこれが激しい反対にあいます。

1815年にペローダンと会ったスイス系ドイツ人地質学者ジャン・ド・シャルパンティエ（1786 ~ 1855）はのちにこの仮説を初めて聞いたときはあまりに突飛だったため「調査する価値も考える価値すらもない」とみなしたのを思いだしました。ところがシャルパンティエはベネツから圧力をかけられ同調して意見を変えたのです。

この氷河説が奇抜な提唱から新しいパラダイムへと移りはじめるにはもう一歩踏みこまなくてはなりません。そこでこの氷河の力学を示す地図とデータをまとめたシャルパンティエはスイスの著名な動物学者で地質学者のルイ・アガシを説得し証拠を評価したうえで検討してもらうことにしたのです。アガシは初めは他の学者と同じように拒絶するものの氷河説の本質をとらえ1837年に記憶に残る講演を行い，1840年には著書『Études sur les Glaciers（Glacier Studies)』を書き氷期という用語を科学の世界に導入しました。そのあとも北米で氷床のおよぼす大きな影響を観察することで独自の見解を強めるとともに広めていきました。

とはいえ1870年代までさまざまな疑念がつきまとうことになります。しかし思い描いたこの，科学的な概念は解明されました。地質学者らは，19世紀の終わりに向かって数万年サイクルで，少なくとも4回は氷床が前進後退を繰りかえした証拠を見つけたのです。次の調査は，これらの変化をうながした原因を探りあてることでした。

参照：地球の軌道と氷期（1912年），
氷と泥のコアによる気候の手がかり（1993年）

ルイ・アガシによる1840年の地図，『Études sur les Glaciers』の挿絵ではスイスのツェルマットの氷河を描いています。

泥炭湿地の歴史

デンマークの動物学者ヤペトゥス・ステーンストロップ（1813～1897）は手あたりしだい何にでも興味をもつほうでした。鉱物学についての講義や蠕虫の研究，あの伝説的なクラーケンはただの巨大イカであると主張，石器時代の彫刻を批判することもありました。膨大なフジツボのコレクションをチャールズ・ダーウィンに貸し出したほか，バクテリアのグラム染色技術を発見した男性に顕微鏡検査を教えたり，植物生態学の未来の創始者に植物学を教えたこともありました。1836年には湿地をいくつか掘りおこす調査にまで乗り出しました。

ステーンストロップは泥炭の異なる層（古代に分解された植生）を注意深く記録しそれらの層の植物化石を特定し湿地とそのまわりで成長している植物種が長年にわたり変化してきたことをあきらかにしました。また気候変動が植物の遷移を促したと判断すると最終氷期以降の状態を知るための堆積物をもとにした世界初の気候年表を開発します。

ステーンストロップのこうした発見はジョルジュ・キュヴィエ（1769～1832）とジェームズ・ハットン（1726～1797）の業績の両肩にかかっていました。この二人は地球の奥深い歴史である地質学に大きな変化をおこしルイ・アガシ（1807～1873）とほぼ同時に氷期説を唱えていました。チャールズ・ライエル（1797～1875）は地質学への体系的なアプローチをもたらしました。

1841年にステーンストロップの湿地研究に関する論文で気候と植生が数千年にわたって大きく変化したことがあきらかにされ，古気候学と古生態学つまり古代の気候と生態系変化の証拠の研究という二つの現代科学の夜明けを象徴することとなりました。彼の研究はそれからの数十年の間にスカンジナビアでさらに緻密な泥炭湿地の研究を促し新たな研究へとつながっていきます。たとえば北ヨーロッパの気候期間の分類であるブレットセルナンダ気候シーケンスや，ヤンガードリアスとよばれる急激な気候変化の発見，そして1916年には過去の気候と生態系パターンの手がかりとして古代の花粉を分析する方法が開発されました。こうした花粉分析により現在と予測される変化の両方を比較できる自然変化の割合と大きさがあきらかになります。これらはすべて湿地の景観にのめり込んだ好奇心いっぱいの一人の動物学者からはじまったのです。

—S. J.

参照：気候変化を記録した沈括（紀元前1088年），
氷期の発見（1840年）

泥炭の層を剥ぎとり燃料からウイスキーづくりまでさまざまな目的に利用します。泥炭湿地の研究は何千年にもわたる気候と生態系の地域における変化への洞察も生みだしています。

北極探検家たちを襲った最寒冷期の悲劇

イギリスの探検家サー・ジョン・フランクリン（1786～1847）は北アメリカの最北端にあたる北極海遠征を２回おこなったのち名声を得るも，1845年に３回目の北極海遠征へ出かけるという過ちを犯してしまいます。当時隊員のほとんどを餓死で失うという，とりわけ過酷な遠征から生存して帰り，そのさい革のブーツまで食べようとしたと言われたことから「ブーツを食べた男」の異名をとっていました。おかげでフランクリンは，大西洋と太平洋がつながっていると考えられていた海路の北西航路を発見するという任務を負ってファンファーレに見送られる栄誉に浴しながら，この年の春にイングランドを出港したのです。

遠征には２隻の帆船エレバス号とテラー号に乗りこんだ134名の隊員たちをともないました。すでに北極周辺の海氷を探査して無事に帰った２隻の帆船はこの遠征のために，蒸気エンジンと海水の中で上下して氷を押し退けられるようにするスクリューも備えられて新たに補強されました。しかし，6月下旬に何隻かの捕鯨船が，グリーンランドの西のバフィン湾で氷山につながれていたこの2隻を見かけたのを最後に現地の先住民イヌイット以外に目撃されることはなかったのです。

それから10年以上にわたりイギリスとアメリカから遠征隊がくり出されては行方不明となった隊員や隊長フランクリンを見つけようと，彼のたどった航海路をふたたびたどろうと手をつくしました。その果てに使われなくなった野営の痕跡とイヌイットの話，それに三人の隊員の墓地（1851年に発見された）が見つかっただけでした。それでも1848年から1859年の間に捜索が40回ほどにおよんだことで北極圏の探査と自然科学の研究に大きな貢献をはたすことになります。

船と隊員たちを失った原因には，さまざまな要因が絡んでいたようでしたが，2016年まで主に考えられていたのは，はんだづけが不十分だった缶詰から溶けだした鉛による鉛中毒説でした。最近の研究では気象災害が重要な鍵をにぎっていたと結論づけられています。フランクリンの最後の遠征があったこの10年間の北極圏は，何世紀もつづいた最寒冷期にあったのです。

2014年と2016年になって沈没したままになっていたエレバス号とテラー号がようやく発見されました。この海域は夏には海氷がほとんどないため19世紀の冷気に拒まれたフランクリンが通った同じ航路を今では高級クルーズ船がらくらくと通過していきます。

参照：中世温暖期から小氷期へ（1100年），
ロシアの「冬将軍」（1941年），極渦（2014年）

ビーチー島で撮影されたこの2006年の写真はカナダの北極圏にあり，イギリスの北極探検家
サー・ジョン・フランクリンが率いた不運な遠征隊隊員たちの墓石です。

Stamped Edition, 6d.

THE ILLUSTRATED LONDON NEWS.

REGISTERED AT THE GENERAL POST-OFFICE FOR TRANSMISSION ABROAD.

No 1594.—VOL. LVI. SATURDAY, MAY 14, 1870. WITH A SUPPLEMENT, FIVEPENCE } STAMPED, 6D.

PROFESSOR TYNDALL LECTURING AT THE ROYAL INSTITUTION.

SEE PAGE 510.

科学者たちによる温室効果ガスの発見

フランスの数学者で物理学者のジョゼフ・フーリエ（1768～1830）が，1824年に初めて大気が地球の気候を調節するしくみを提唱しました。このしくみは，大気があることで太陽の光が可視光線として大気中を通過する一方，赤外線が宇宙へ逃げるのを妨げるというものです。科学者たちがこの現象を裏づけ，大気中のガスがどう作用しているかを見きわめるためには，それから30年以上かかることになります。

そして，1856年8月ニューヨーク州アルバニーで開催された科学会議で，アメリカのアマチュア科学者で女性の権利擁護者のユーニス・フット（1819～1888）が，炭酸ガス（二酸化炭素）と湿った空気（水蒸気）が赤外線に作用する簡単な実験結果を報告します。当時，女性は会議での発言権がなかったため，この報告は代理人を立てて行われました。その年の11月に発行された関連論文で，フットはこう述べています。「太陽光線にいちばん影響があるのは炭酸ガスだとわかりました。炭酸ガスを貯めこんだ大気のせいで地球は高温になります」。

さらに，1859年5月アイルランドの著名な科学者ジョン・ティンダル（1820～1893）は，自ら設計した分光光度計を使って何種類かのガスについて吸収と放射のエネルギーを測定します。ティンダルは，大気の主成分である窒素と酸素はもともと熱を透過しているため，水蒸気や炭素ガスなどの微量な気体の分子が温室効果に大きく影響しているという大きな違いを発見したことを報告しました。

1861年にはティンダルは，このように言いきっています。「温室効果ガスの増減により，地質学者たちが研究によって示したあらゆる気候変動が引きおこされた可能性がある」。また，実験の過程で，都市部が狭い範囲で熱の影響を受けて高温になることも認めました。ティンダルはその後の研究で確立された考えをもとに，「ヒートアイランド（現象）」という用語をつくりました。

19世紀の終わりまでに，ほかの科学者たちも，大量の石炭を燃焼させることで発生した二酸化炭素の膨大な蓄積が気候におよぼした影響を測定しはじめます。楽観的な見通しをもってはじめたものの，徐々に憂慮されるようになりました。

参照：石炭，二酸化炭素，そして気候（1896年），二酸化炭素の上昇曲線（1958年），気候モデルの発展（1967年）

アイルランド生まれの物理学者ジョン・ティンダルが1870年5月にロンドン王立研究所でおこなった電磁気学の講演。

地球にふりかかる宇宙天気

先進国は，19世紀半ばには送電線による通信（電報など）に依存していくようになりましたが，もしここでひとたび太陽フレア（太陽面爆発）がおこれば人類，地球の大気の乱れだけでなく宇宙の天気をも気にかけざるをえなくなるということをを知ることになりました。

1859年9月1日の正午前イギリスで異変を知らせる何かの兆候が初めてとらえられます。天文学者のリチャード・C・キャリントン（1826～1875）は望遠鏡からガラス板に投影された太陽の画像を観測することで太陽黒点を定期的に記録していました。太陽黒点は太陽の表面の（比較的）冷たい領域で超高温のイオン化ガスの乱流域の内部やまわりに発生する磁場のゆがみをあらわします。

午前11時18分，彼はいつになく急速に成長する黒点群を観測していると胸騒ぎを覚えます。黒点群の中にごく小さな明るい光が二つあらわれたのです。この現象はほかの目撃証人を見つける前に消えてしまいました。しかし幸運なことに天文学者リチャード・ホジソン（1804～1872）も独自でこの現象を記録していました。

そのあとの数時間で当時いや今まで科学に裏づけされた記録史上格段に強い太陽フレアのおこした太陽嵐が世界中いたるところで目撃されることになります。この太陽嵐により放出された電磁波がほぼ高速で進んできたX線と紫外線で地球の外部大気圏を淡黄褐色に染めます。さらに半日遅れてゆっくりとした「コロナ質量放出」つまり10億トンの高エネルギープラズマの雲が惑星間空間に放出されました。

この太陽嵐により世界中の電信システムの火災が発生したため，送電線から飛び散る火花にオペレータは腰を抜かし，飛び火した電報用紙は燃えあがりました。このときいつもなら北極圏の夜でしか見られない荷電した電子の織りなすきらめくカーテンオーロラが色とりどりに輝き，カリブ海からハワイまでの夜空を明るく照らしだしました。

ふたたび同じような現象が発生するのは時間の問題です。NASAは2012年７月に太陽嵐の異常接近を報告しています。全米科学アカデミーによる調査では電子機器に依存する現在の経済社会がもろに打撃をこうむった場合被害額は２兆ドルを上回る可能性があると推測しています。2015年オバマ大統領時代のホワイトハウスでは国内初の国家宇宙天気行動計画を発表してリスクを抑える準備をうながす措置を求めました。

参照：黒点のない太陽（1645年），
軌道からの気象観察（1960年）

オーロラは1865年アメリカの画家フレデリック・エドウィン・チャーチ（1826～1900）による作品で，1860年に北極探検家アイザック・イズラエル・ヘイズによるオーロラのスケッチに触発されて描かれました。1859年の太陽嵐ではカリブ海のはるか南までオーロラが広がりました。

最初の天気予報

ロバート・フィッツロイ(1805 ~ 1865)は，伝説的なチャールズ・ダーウィンを乗せて周航した1830年代のビーグル号測量船の艦長として記憶されています。フィッツロイは毎日の天気予測を初めて自ら創案して「天気予報」と名づけたことで名声を得た一方でまた批判にさらされることがありました。

フィッツロイは，当時イギリス沿岸の嵐で大型船が相ついで沈没したせいで船員たちの命が永遠に失われたことに苦しみます。1855年から1860年だけで，嵐で7,402隻の船が破壊されたばかりか海で7,000人以上の命が失われたのです。フィッツロイはもっと天気の見通しがつけば犠牲になる船員や船が減るはずだと信じて疑いませんでした。1859年に蒸気船ロイヤルチャーター号が難破して450人の命が失われたあと，1861年２月には自ら権限を得て，船員たちに暴風雨警報を発令できるようにしたのです。

予測する手段として電信を使いました。フィッツロイは新型の気圧計も考案し，さらに暴風の活動状況を天気図にして予測できる気象観測員のネットワークをつくったうえでイギリス初となる気象観測所の建設に取りかかります。ネットワークが広がるにつれ天気を先取りして備えられるようになるからです。たとえばフィッツロイがある港が危険にさらされていると予測するとすぐ地元の観測員に電報で知らせることができます。英国放送協会（BBC）によると，フィッツロイは天気予報の役割を「強風の影響がおよぶ前に現地に警告する競争」と見なしていたようです。

一般市民に公表された初の天気予報は1861年8月6日の『タイムズ』誌に掲載されました。

北－西からの穏やかな北風：晴れ
西－南西からの穏やかな西風：晴れ
南－西からのさわやかな南風：晴れ

翌1862年には強風予報がでると主要な港で円すい形の通信信号が交信されるシステムが導入されました。フィッツロイは1863年出版の実用書『The Weather Book：A Manual of Practical Meteorology』を執筆し気象局長としての最後を締めくくりました。

参照：ボーフォートによる風の分類（1806年），
日常に役立つ気象学へ（1870年），
竜巻の事前警報（1950年）

ロバート・フィッツロイの肖像画。イギリスの画家サミュエル・レーン（1780 ～ 1859）作。
イギリスの航海士にして気象学者。

K, STREET, FROM THE LEVEE.

INUNDATION OF THE STATE CAPITOL,

City of Sacramento, 1862.

Published by AROSENFIELD; San Francisco.

カリフォルニアの大洪水

カリフォルニアでは，1861年当時20年来大干ばつがつづいていたため，農民や牧畜関係者による雨乞いの祈りを捧げる儀式が行われていました。その年の12月には恐るべき勢いで雨乞いの祈りは叶うことになります。太平洋からあいついで上陸した猛烈な台風がメキシコからカナダにいたる北米の西海岸をたたきつけたのです。ロサンゼルスでは１年で1.52メートル以上（平均の４倍以上）の雨が降って川の水が土手に押しよせ，泥水が乾燥した地形のすみずみまで埋めつくしました。

そして翌1862年早々には巨大な洪水のうねりでカリフォルニアのセントラルバレーが大きな内海と化し，水面は長さ482.8キロメートル，幅32キロメートルにまで広がりました。大水で農地や町はおおわれ，人や馬や牛は溺れ死に，家屋，建物，家畜小屋，囲い橋は押し流されてしまいました。水位は最大９メートルほどの高さにまで達し，サンフランシスコとニューヨーク間に設置されたばかりの電信柱がすっぽり沈んでしまうほどでした。そのため州のほとんどの地域でまる一月，輸送機関と通信手段が断たれたのです。植物学者ウィリアム・ヘンリー・ブリュワー（1828 ~ 1910）は東海岸に住んでいる弟に手紙をたてつづけに送り，この冬と春のカリフォルニア旅行中に目撃した現実離れした惨事を書きつらねました。1862年1月31日付けの手紙では次のように書いています。

セントラルバレー一帯はすっかり湖となり，片側の山々からもう一方の海岸山脈の丘まで広がってしまった。蒸気船が川から23キロメートルの牧場の上を滑って戻っては家畜などを丘まで運んでいる。この広大な地域にあった家や農場はほぼあとかたも残っていない。アメリカの洪水でこんなに荒涼とした場面に出くわしたことはないし，これまでめったに経験してこなかったことだ。

大洪水は鎮まったものの，同じような気象事象に見舞われるリスクはつきまといます。これ以来研究が進み，太平洋内部と太平洋上の特定の条件が周期的に大洪水といったシステムを助長することがあきらかになってきました。その一つに現在「大気の川」とよばれる水蒸気を大量に含んだ空気が大規模に地球上を移動する現象があげられます。すべての条件を予測するのはいまだに難しく，地球温暖化が条件を悪化させるかどうかははっきりしていません。そのかわり一つだけ簡単に予測できることがあります。今度おこれば莫大な経済的損失が見こまれるのは確かであるということで，研究では損害額は7千億ドル以上にのぼるとみられています。　—L. I.

参照：中西部のファイアストーム（1871年），
気象災害の人為的要因（2006年）

Kストリートのリトグラフ。Kストリートはカリフォルニア州サクラメント市にあり，1862年初頭の大洪水で州のセントラルバレーの大部分が広大な湖に変わりました。

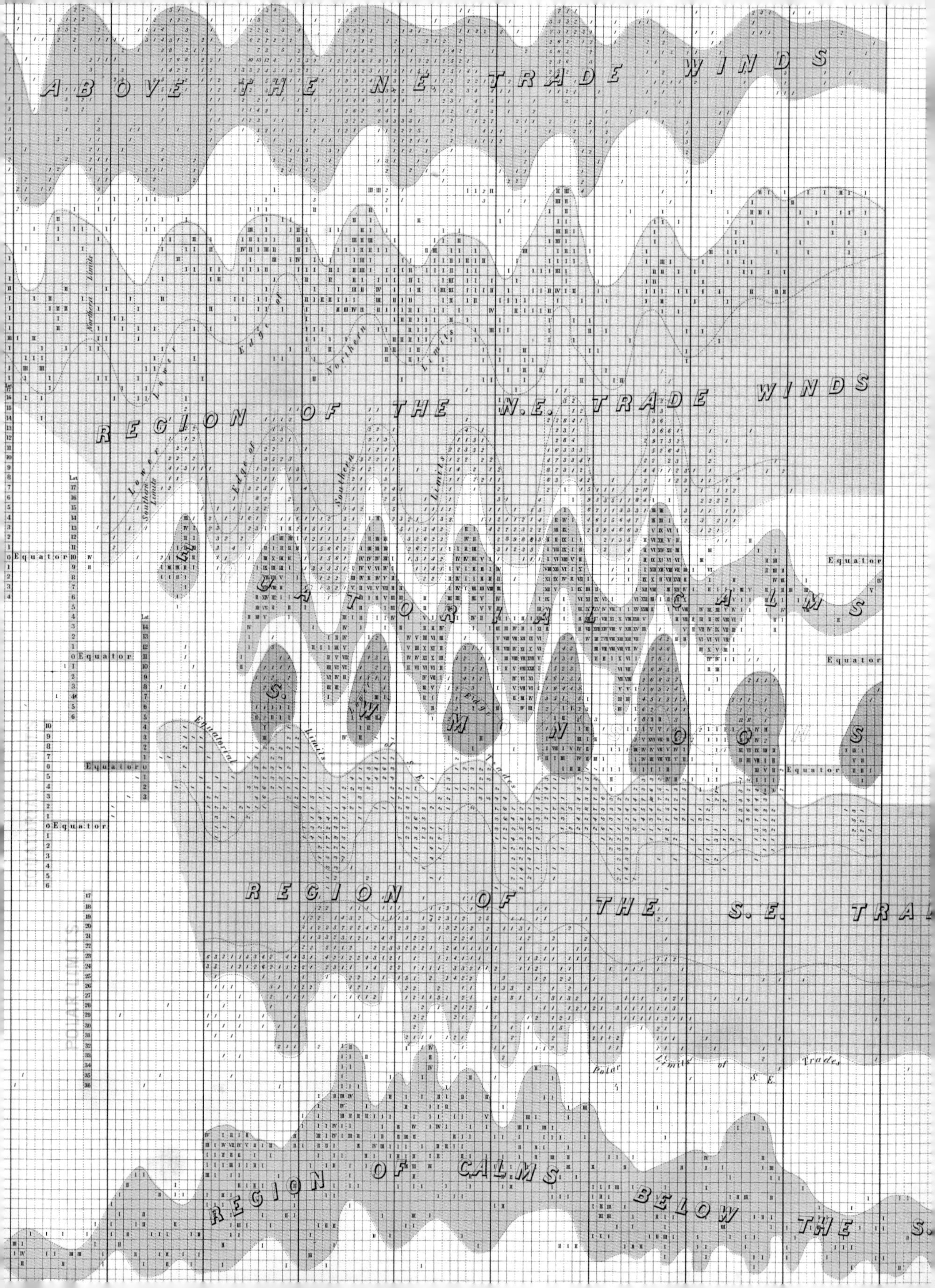

ABOVE THE N.E. TRADE WINDS
Northern Limits
Lower Edge of Northern Limits
REGION OF THE N.E. TRADE WINDS
Lower Edge of Southern Limits
Southern Limits
Lat
Equator
EQUATORIAL CALMS
S.W. MONSOONS
Equatorial Limits of S.E. Trades
REGION OF THE S.E. TRA
Polar Limits of S.E. Trades
REGION OF CALMS BELOW THE S.

日常に役立つ気象学へ

気象学は19世紀半ばの画期的な移行期を経て，主に学術的あるいは私的な研究から，農業から公衆安全まで，また航海術から軍備までといったすべての基礎となる生活に欠かせない組織だった公共サービスへと姿を変えていきました。

この新たな科学がまっ先に着目したのが海上でした。海上でしかあらわれない天気のせいで生死が分けられたり，海上でしか吹かない風のせいで貿易高と戦況が左右されたりしかねないからです。

科学に傾倒していたアメリカ海軍士官マシュー・フォンテーン・モーリー（1806～1873）は大気条件や海況を記録する標準化法を開発しました。1853年にはベルギーのブリュッセルで第1回国際海上気象会議を開催します。これにより13か国で国際的な気象通報の報告形式が統一されました。モーリーの海上風と風向の分布図にはいまだに驚嘆させられます。イギリスであいついで悲惨な難破事故がおこったことも海上予報への取り組みを大いに駆りたてていきました。

近代の米国国立気象局は，1870年2月2日にユリシーズ・S・グラント大統領により，陸軍長官の気象局設立を承認する議会決議の署名にもとづいて発足しました。「国内の内陸部にある軍事拠点や州や準州にある他の場所での気象観測や…… 電信機と海上交通信号により五大湖と海岸部へ嵐の接近と風力について情報を提供する」。

その年の11月には初めて組織だった気象通報が24か所の観測所の職員らによって行われ，ワシントンD.C.にそれぞれ電信で報告されました。さっそく気象学部がバージニア州のアーリントン国立墓地近くの駐屯地にある電信と軍事信号の学校に併設されました。

1873年までには何千もの地方の郵便局が天気予報を受けとり，気象条件ごとに異なるパターンと色のついた信号旗システム（寒波の旗は白地の中心に黒四角）で増補された『Farmers' Bulletin』にこれを掲載するようになりました。気象局は1890年に民間機関に変わりました。

参照：最初の天気予報（1861年），竜巻の事前警報（1950年）

大西洋の貿易風の海図はマシュー・フォンテーン・モーリーにより1851年に作成されました。
E・J・デヘイブン少佐が米海軍武器水路局の資料から編集したものです。

中西部のファイアストーム

その規模と犠牲者数とも北米史上最悪となった山火事が，1871年10月8日から14日にかけて，ウィスコンシン州北東部とミシガン州のアッパー半島を襲いました。1,200～2,400人の命が奪われ約1万5,000平方キロメートルの森林と町が焼きつくされたのです。しかし，ペシュティーゴ火災とよばれるこの大惨事は，同時に発生したもう一つの大火災シカゴ大火のせいで，内輪の歴史家たちのほかにはほとんど噂が広がりませんでした。シカゴ大火では熱風にあおられた炎が南から木造の建物が居並ぶ町を抜けて波のように押しよせてきたため，約300人のシカゴ市民の命が奪われました。オレアリー夫人の牛がランタンを蹴って火災が発生したなどという面白い語り草もあいまって，シカゴ大火の物語のほうが語り継がれるようになったのです。同じころミシガン州で3件目の大火災が発生し約1万平方キロメートルが燃えつきました。

大火災にありがちなことですが，原因を求めて憶測があれこれ飛びかうものの，隕石破裂説が有力だったためそれ以外はほとんど跳ねつけられていました。気象学者らがあげていたのは夏の大干ばつ一週間にわたる強風，それに最もありえそうな要因として，急成長している地域での火を使った開墾の横行など。そこにこのウィスコンシン火災の目撃者があらわれます。ペシュティーゴカトリック教区のピーター・ペルニン牧師です。牧師の次の証言でこのシナリオの信ぴょう性はいちだんと高まります。農民や鉄道員らは「作業を進めるために斧と火を」使うのが日課でした。あの大火災の数日前から燃え広がる炎をあちこちで目にしていました。

それから一世紀経った1971年，ウィスコンシン州歴史協会により出版されて実情があかされた大惨事の身も凍るような記述の中で，ペルニン牧師は怯えて川の近くに集まり生き残りをかけて川に浸かった住民のようすを次のように書いています。

川岸一帯見わたすかぎり住民たちであふれかえっていた。彫像のように立ちすくむ人やら天を仰ぎみる人やら舌を出す人やら。わたしは自分の両側に立っている人を川の中に突き落とした。一人が息を詰まらせて反射的に顔をだすと泣きながら不満をもらしつつもこう叫んだ。「ずぶ濡れじゃないか」でもまだましだ，火の中に放りこまれるよりもな。

参照：ダストボウル（1935年），世界一の稲妻地帯（2016年）

G・J・ティスデイルによる図画。1871年のペシュティーゴ火災。最終的に1,200～2,400人が犠牲になりました。パニックに陥った住民らがペシュティーゴ川に逃げこんでいます。

「スノーフレーク」・ベントレー

スノーフレークのひとひらひとひら（一片一片）が，独特な花のような結晶形をしているのは本当でしょうか。最近の科学では，完全に形成された雪片《せっぺん》を使ってこれを立証しています。しかし，同じ雪片は二つとないという考えを初めに着想したのは，19世紀の後半にバーモント州の農場で育った少年の，小さくて冷たいものへの強いこだわりからでした。ウィルソン・アルウィン・ベントレー（1865 ~ 1931）は，生涯にわたり雪の結晶を顕微鏡で撮影することに熱中したため,「スノーフレーク」・ベントレーとして知られるようになります。また，撮影された数千枚におよぶ雪片画像により，固形降水の形成に関する研究がすみやかに進むようになりました。

ベントレーは14歳になるまで，教師をしていた母親から家で勉強を教わっていました。母親の顕微鏡のおかげで，しだいに微細な世界へと魅了されていきます。ベントレーは，1925年の『American Magazine』誌のインタビューに応えて，こう回想しています。「同世代の子たちがおもちゃの鉄砲やパチンコで遊んでいたとき，この顕微鏡でいろんなものを夢中で観察していました。水のしずくや小さな石のかけら，鳥のつばさの羽や。でも，いつも文句なく魅了されたのは雪のひとひらでした」。

本を読み，顕微鏡を使った写真の撮り方がわかると，ベントレーと母親は，父親を説得して観察にうってつけのカメラを買ってもらうことにしました。のちに自著で，父親がそのカメラに少額どころか，当時の金額で100ドルも出してくれていたことに触れています。

カメラを手に入れてからは，さらに写真を撮る腕を磨きました。雪片をつかまえると，羽を使ってレンズの下に置きます。画像を撮るのにかかる長い露出の間，雪の結晶が溶けないように，どの手順も寒い屋外でこなさなくてはなりませんでした。

ベントレーは亡くなる少し前に，アメリカ気象局の物理学者ウィリアム・J・ハンフリーズ（1862 ~ 1949）と協力して，自ら撮った2,300枚の写真を収めた写真集『Snow Crystals』の制作にとりかかりました。この写真集は今も版を重ねつづけています（気象局は1970年に国立気象局になりました）。

肺炎で66歳に亡くなるまでに，ベントレーは，5000片以上の雪片の写真を撮影しました。それらは，ひとつひとつが本当に独特なものでした。

参照：ルーク・ハワードによる雲の命名（1802年），スイカ雪（1818年），グレーとホワイトハリケーン（1888年）

雪の結晶写真は，1890年代から1920年代にウィルソン・アルウィン・ベントレーによって撮影されました。

北極の共同観測

宇宙船のおかげで人類が初めて故郷の惑星を見わたせるようになるほぼ一世紀前，国際極年（1882 ~ 1883年）で知られる共同観測がはじまり，12か国から研究者らが参加して，北極圏周辺の気象学の広範囲な分野におよぶ観測に乗りだしました。この高緯度地域ならではの状況を解明する革新的な取り組みでは，厳しい天候から磁場まで，また凍結した大洋から光るオーロラ（北極光）にいたるまで，あらゆるものの綿密な調査が行われました。当初，研究施設では連絡を取りあう方法がなく，研究者らは何か月も単独で外界から情報を集めざるをえませんでした。しかし，各研究施設での計測器のキャリブレーション（較正）と記録方式が統一されたため，プロジェクトが完了すると同時に，研究者は北極圏のすべての情報を編集し，旬の情報をまとめ上げられるまでになったのです。このおかげで，南極大陸近くの観測を行うときには，いくらか労力が軽減されました。

この国際極年のプロジェクトは，オーストリアの探検家で物理学者のカール・ウィトレヒト（1838 ~ 1881）の提唱からはじまりました。1874年に北極探検を終えたあと，ウィトレヒトは各国の科学機関を訪れては，国々が一つにまとまって観測する意義を説いてまわります。それまでの北極圏の探検は，ウィトレヒトが1875年の「北極探検の指針」で次のように報告したように，危険な国際競争になり下がっていました。「莫大な費用がつぎ込まれ，氷におおわれた岬に自国の言語で名前をつける特権を得るために辛苦を舐めていました。その一方，人間が知見を積みかさねるにつれて二次的な役割も果たすようになりました」。

12か国から合わせて14か所の研究施設が北極圏周辺に設置されました。オーストリア・ハンガリー帝国，デンマーク，フィンランド，フランス，ドイツ，オランダ，ノルウェー，ロシア，スウェーデン，英国，カナダ，米国。この共同作業は困難と危険をはらみ，アメリカの探検隊などは25人の隊員を現地に送って情報を集めさせるも，生還したのはたった6人という惨状でした。ウィトレヒトは，このプロジェクトが始動する前年に亡くなりましたが，現在，新たなマイルストーンを科学にあたえたとして，その功績が認められています――地球のある地域を綿密に調査するために，初めて国や研究分野を超えて研究者らが集まり共有する情報を研究した――というものです。

参照：北極探検家たちを襲った最寒冷期の悲劇（1845年），
日常に役立つ気象学へ（1870年）

オランダ北極遠征隊は，1883年に第 1 回国際極年の一環として研究施設を設けました。

初の竜巻写真

馬に乗ってつむじ風を追いかけたベンジャミン・フランクリンから，今日のライブストリーミング「ストームチェイサー」にいたるまで，気象家たちは取りつかれたように，竜巻のクローズアップ写真を撮っては，目撃情報を記録することに熱中してきました。19世紀後半に写真が使われだしたため，竜巻の姿が撮られて興味津々な大衆の前に差しだされるのは時間の問題でした。

最初の竜巻写真が撮られたのは，長い間1884年8月28日だと考えられていました。この日，当時のダコタ準州の南東にあるハワード近くで，４本の巨大竜巻がおこり，６人の命が奪われました。このときF・N・ロビンソンが撮影した写真が，とりわけ注目を集めたからかもしれません。ぞっとするようなその竜巻の姿は，真ん中の黒い煙突が，がれきの巨大雲を蹴り上げて，両側に小さめの旋風を巻き起こしている様子がとらえられています。当時，めずらしかったり報道価値があるような画像でハガキがよくつくられましたが，ロビンソンの撮った竜巻の写真は，記念ハガキとして複製されたのです。

ところがその後，気象史家らは，同じ年の1884年4月26日にカンザス州ガーネットで撮られたA・A・アダムスの写真のほうが，迫力には欠けても最初の写真ではないかと決定づけました。アダムスの写真では，消えかけてロープ状にねじれた竜巻がとらえられていました(その日，初めて竜巻写真を撮るために，かさばるカメラ機器を組みたてるのに，どれほど時間がかかったとしてもしかたありません)。アダムスもロビンソンと同じように記念ハガキにしました。この写真が立体的に見えるように横並びにして立体鏡をつけて販売しました。

竜巻写真が出まわりはじめ，どれが最初の写真かをはっきりさせるための力になったのは，1984年の『米国気象学会誌』に掲載した論文で，パデュー大学の気象学者ジョン・T・スノーが発表した内容でした。スノーは，「誰が最初に竜巻写真を撮ったのかについては断言しかねる」としながらも，さまざまな情報源から判断して，先駆者としてアダムスを支持する証拠を示したのです。

参照：フランクリンによるつむじ風の追跡(1755年)，
ストームチェイスによる科学調査(1973年)

19世紀に撮影された竜巻写真のいくつかが最初の画像と言われていましたが，最近の研究では，この写真にその栄誉を与えています。1884年4月26日にA・A・アダムスによってカンザス州セントラルシティの近くで撮影されました。

グラウンドホッグデー

毎年２月２日，夜がまだ明けきらないうちからはじまる祭りに，世界中から数万人もの観光客らがペンシルバニア州のパンクサトーニーへ集まります。そして，郊外にあるゴブラーズノブの広場で，有名なグラウンドホッグ（ウッドチャックとよばれるマーモットの一種）が春の到来を占うのを待つのです。パンクサトーニーのフィルとよばれる天気を占うグラウンドホッグが古代の伝承に根ざした儀式にのっとり，シルクハットを着用したクラブ会員に丸太の巣箱から引っ張りだされ抱えられて意味ありげに登場すると，高く持ちあげられ喝采を受けます。

グラウンドホッグデーは冬至と春分の中点にあたります。もともとキリスト教徒には，おそらく異教徒の伝統をもとにした聖燭祭にともなう冬の気象伝承がありました。古いスコットランドの二行連句（カプレット）を借りれば「聖燭祭が晴天なら今年の冬は二つある」。ドイツにも似たような農事金言があります。アナグマが聖燭祭で影を落とせば冬が6週間長引く。つまり「二つの冬」がある。

こうして，ペンシルバニアに住むドイツ系移民らはアナグマの代わりにグラウンドホッグを使うようになります。夏には儀式のためにグラウンドホッグ狩りをして，あとで楽しそうに食べることもありました。パンクサトーニーのグラウンドホッグの天気予報は1886年2月2日に正式に認められるようになりました。地元紙の編集者クライマー H.フリースが，この日付でここのグラウンドホッグのフィルが唯一アメリカで天気を占うグラウンドホッグであると報道したのです。地元の人たちも，特殊な秘薬によって永遠の命を持つフィルが毎年欠かさず天気を占っていると主張しています（グラウンドホッグ種の平均寿命は67年なのですが）。

それではいったいフィルの占う天気はどのくらい当たるのでしょうか。フィルの世話をしているパンクサトーニー・グラウンドホッグ・クラブでは，1887年にゴブラーズノブの広場で祭りが開催されてからずっと，この天気占いを記録に残していました。2017年「PennLive.com」のウェブサイトでは，天気占いと冬の天気の徹底的な分析をまとめた記事を載せてこのように結びました。「117年分の有効な記録をもとにした計算では，フィルとフィルの取り持ち役の占う天気は約65パーセントの確率で当たっています」。

これを見たクラブのメンバーは人間による間違いに汚名を着せようとします。「PennLive・com」の記事について，クラブのグラウンドホッグのハンドラー（任務遂行を支援する人）であるロン・プルチャはこう釈明しています。「残念ながら［クラブ］の会長がフィルの言ったことを誤解していた年がありましてね」。「フィルは間違ったことはありません」。

参照：中国神話から気象学へ(紀元前300年)，
農民の生活暦(1792年)

パンクサトーニーのフィルは，1800年代後半から毎年ペンシルバニア州のゴブラーズノブの広場で天気を占っています。

風力の利用

はるか昔，人類がナイル川からエーゲ海や太平洋へと，風を受け帆で船を進めるようになったときから，風の力は利用されてきました。2,500年から3,000年前には，ペルシャの農民が風力を使って水をくみあげたり，穀物をひいたりと，中東やヨーロッパでも風力が使われだします。中世以降は，オランダに登場してひときわ風を象徴する存在となった風車が，低湿地にある沼地の排水などさまざまな用途に活躍の場を広げていきました。

ところが，1880年代に動力として風力タービンを使う発電機が大西洋両岸に建設されはじめてから，風力の用途は大きく飛躍していきます。1887年に，スコットランドの教授でエンジニアのジェイムズ・ブライス（1839～1906）が，3種類の風力発電機を設計して実験を行い，小さな発電機を選んで自分の別荘に設置して明かりをつけてみることにしました。

1887～1888年の冬には，エンジニアで発明家のチャールズ・F・ブラッシュ（1849～1929）が，クリーブランドにある私邸の敷地内に風力タービンを建てます。40トンで1万2,000キロワットの電力を供給する風力タービンは，当時特に目を引いていました。

というのも，ブラッシュは1881年までに，ボストンからサンフランシスコや海外の都市の夜を照らす発電機ダイナモとアーク灯システムを発明していて，すでに財を成していたのです。彼が設立したブラッシュ・エレクトリック社は，最終的に他の会社と合併してゼネラル・エレクトリックとなります。

ブラッシュの建てた風力発電機は巨大で，直径15.2メートルの風車の輪（ホイール）と144枚の大きな羽根（ブレード）を備え，20年間にわたって私邸に電力を供給しつづけることになります。

20世紀になると，石炭火力発電所と天然ガスの市場が急速に広がりだし，世間の関心は風力発電から移っていきます。ところが，1970年代におこったエネルギー危機が引き金となり，公害と気候変動への不安とあいまって，ふたたび風力発電が活躍するようになりました。

2017年現在，24万機以上の風力タービンが上海からテキサス州まで設置され，沿岸水域や陸上へと拡充していっています。

参照：大航海時代（1571年），石炭，二酸化炭素，そして気候（1896年）

発明家チャールズ・F・ブラッシュは，1887～1888年の冬に，この風力発電機をクリーブランドにある私邸の裏庭に建設しました。

グレートホワイトハリケーン

アメリカ北東部に，1888年3月11日の午後から小雪がちらつきはじめます。降りはじめた雪は，翌朝には地面から45.7センチメートルほどになっていましたが，これはほんの序章にすぎなかったのです。真夜中近くには，83.8センチメートルまでになり，それでも降りやまず，最後にはグレートホワイトハリケーンとよばれる暴風となって3月14日，ノバスコシア州を吹き抜けます。120センチメートル前後となった積雪のために，コネチカット，マサチューセッツ，ニュージャージー，ニューヨークの各州の都市機能は麻痺し，チェサピーク湾からメイン州にいたる東海岸を約200隻の船が流されたのです。

この暴風は，当時グレートホワイトハリケーンとして世間に知られていましたが，実態は，1870年代に吹雪をあらわすために使われだしたブリザード（猛吹雪）とよばれる現象でした。アメリカ国立気象局はブリザードをこのように定義しています。1時間あたり56キロメートルを超える大量の雪や風をともない，視界が400メートル未満の状態が3時間以上続く嵐。ブリザードの状態は，中心に低気圧と西に高気圧が循環を強めるときに，嵐の北西側で発達する傾向があります。風が強まると，雪が激しくふぶきはじめ，視界全体が真っ白になり大量の吹きだまりができます。

1888年のこの強風により，ニューヨーク市などの大都市圏で15.2メートル以上の雪の吹きだまりが発生しました（この嵐で，市当局は地下鉄の建設を提案）。ニューヨーク州アルバニー市が閉鎖されたために，石炭の出荷がとどこおり，何千人もの住民が暖もとれず室内に閉じこめられてしまいます。田舎道は通れなくなったため，医者は往診もできません。結局，1888年のこの大ブリザードで400人以上が亡くなり，この半数はニューヨーク市の住民だったという，アメリカ史上最悪の冬の嵐による犠牲者を出すことになったのです。

参照：ブルーノーザー，寒冷な北風（1911年），
猛突風（1934年）

1888年のニューヨーク市の大ブリザードは，今でも，かつて経験したことのない最悪な被害をもたらしたと言われています。この災害をきっかけに，交通機関などのおもだったものに現代的なテクノロジーが駆使され流ようになり，豪雪の窮状が軽減されるようになりました。

史上最悪の雹嵐

雹《ひょう》により，本当に甚大な被害がおよぶことがあります。数十億ドルもの資産を破壊したり，逃げ場を見つけられなかった人々の命を奪うことさえあるからです。このでこぼこの氷の粒は，強力な嵐で風に運ばれた降水が，凍結と再凍結を繰りかえしながら形づくられ，ソフトボールほどの大きさと，900グラムほどの重さになることもあります。

近代史上，最悪の死亡総数をはじき出したのは，1888年4月30日，インドでの雹による犠牲者246人と，1986年4月14日，バングラデシュでのグレープフルーツ大と観測された雹による犠牲者92人とされます。2017年に世界気象機関は，1888年の事象を，観測史上最悪の雹嵐と結論づけています。

しかし，西暦850年におこったヒマラヤでの不可解な災害は，600人もの犠牲者を出したうえ，もっとひどかったかもしれないという手がかりが残されています。実際に，ギネス世界記録タイトルは，西暦850年におこったこのヒマラヤの事件をいまだに最悪の雹嵐と認定しているのです。

この背筋も凍るようなヒマラヤの気象災害の現場は，1942年にイギリスのパークレンジャーが，ループクンド湖を探査しているときに発見しました。この青い水をたたえた小さな湖は，斜面が凍った砂利に囲まれ，溶けた氷河が水になって流れこんできます。澄んだ水の中には頭蓋骨や骨や遺品が透けて見えます。はじめは，第二次世界大戦中に，日本の軍隊が山を越えようとして亡くなったのでは，という説が持ちあがりました。ですが，これらの遺骸は，寒さで凍ってそのままになっただけのものとすぐにわかったのです。

死因は2004年まで未解決のままでしたが，その年，『ナショナルジオグラフィック』が送りこんだ科学捜査官チームが，遺骸の年代を西暦850年と定め，死因は，頭と肩を鈍器でなぐられたようなひどい跡だけのようだと認めました。雹のほかにもっともらしい原因は見つかりませんでした。

参照：ブルーノーザー，寒冷な北風（1911年），
危険を伴うダウンバーストの正体（1975年）

保存された人骨は，インド洋ヒマラヤの氷河湖ループクンドで見られます。
これは，西暦850年の史上最悪の雹嵐の現場で，「スケルトン湖」という不気味な別名で知られています。

初の国際雲図帳

鋭い観察眼をもつ薬剤師ルーク・ハワードが，1802年の講義で雲の分類を提唱したことで，本格的な雲の研究への挑戦がはじまりました。この講義がきっかけとなり，短時間しかつづかない大気の特徴をしめす雲に，特有のパターンを見つけて推測する取り組みが，気象学者やアマチュア天体観測者によってつづけられることになります。1800年代後半までには，雲図帳が何冊か出版されたため，世界気象機関の前身は，標準化された参考図書を発行する準備にかかりました。

「雲委員会」は，用語や画像から，すべての科学者が利用でき，学生を教えるときにも使える標準化された説明を行う方法にいたるまで，ふるいにかけました。1896年には，初となる国際雲図帳が出版され，当時にはめずらしいカラー写真を掲載し，巻雲といったよく知られる雲や，乳房雲といった強雷雨の下にこぶ状の雲がいくつも垂れ下がる，もう少しドラマチックな積雲も取りあげました。静かな湖面や暗い鏡に映りこむ雲の画像をとらえるなど，コントラストを上げるよう設計された革新的な写真法のおかげで，こうした大変な作業でも，ずいぶん楽に進められるようになりました。

国際雲図帳は，10年か20年ごとに，改訂版が出版され，雲形は種類も豊富になって反映され，画像は鮮明さを増して掲載されてきました。1802年に，ルーク・ハワードが自ら考案した雲の分類で気象学の新興分野をうながしたように，アマチュア気象研究家は今でも気象学者に新たな見解をもたらしつづけています。雲図帳の2017年版の編集者は，イギリスの「Cloud Appreciation Society」とアイオワ州シーダーラピッズの「Cloud-spotting Society」からの提案と画像を検討したのち，新しい雲形アスペラトゥス（「荒々しい」という意味）波状雲を新種認定しました。現在，雲図帳は「wmocloudatlas.org」でオンライン化されています。このサイトでは，「穴開き雲」の別名で知られる空洞雲といった新種の雲などとあわせて，波状になったかすみのようなアスペラトゥス波状雲などが並ぶ素晴らしいギャラリーを探索できます。

参照：ルーク・ハワードによる雲の命名（1802年），
ボーフォートによる風の分類（1806年）

2017年には，「穴開き雲」や「ホールパンチ」雲とよばれる空洞雲は，国際雲図帳に追加掲載された新種の雲形グループに混ざっていました。この雲の特徴は，ふつう過冷却された水滴で形成された雲にあらわれます。たいていは円形をしていますが，航空機が通過することで，細長い穴あき雲が形成されます。これは2016年11月にミシガン州アナーバーで撮影されました。

石炭，二酸化炭素，そして気候

二酸化炭素と気候との関係と，石炭（それに他の化石燃料）の消費量が増えつづけているということが，19世紀が終わる頃，スウェーデンの化学者スヴァンテ・アレニウス（1859 ~ 1927）の研究を通じてあきらかにされはじめました。気候と地質学にも心酔するアレニウスは，このことをまず1896年4月に出版した注目すべき論文『地面の温度に対する大気中の炭酸の影響について』で発表しました(当時，二酸化炭素は炭酸とよばれていました)。歴史家ジェームズ・ロジャー・フレミングが説明してきたように，アレニウスは，二酸化炭素と水蒸気が温暖化に影響をあたえる過程など，気候を形成するエネルギーの流れのモデルについて，他の科学者たちの研究をまとめます。それをもとに，大気中の二酸化炭素濃度が大幅に増えたり減ったりする現象を調べれば，氷期と間氷期の時期が説明できると提唱したのです。

1908年の著書『Worlds in the Making』で，アレニウスは，化石燃料が消費されつづけることにより，大気から二酸化炭素を取りのぞく自然のプロセスが追いつかなくなっていると予測しています。「石炭や石油などを今のまま消費しつづければ，大気中の炭酸の濃度は，一定して上昇していくのは間違いないし，今以上に消費するようになれば，もっと濃度が高まるのはたしかだろう」。

アレニウスは，化石燃料の消費によるCO_2と気温の上昇がゆるやかだと仮定すれば，リスクではなく恩恵をこうむるようになると予測し，次のように書いています。「大気中の炭酸濃度が上昇しつづける影響をう受け，より穏やかで過ごしやすい気候で，特に寒冷地域については，人口の増加に備え，現在より豊作に恵まれた時代を享受できるかもしれません」。

1930年代のイギリスのエンジニア，ガイ・カレンダー（1897 ~ 1964）による地球温暖化の予測から，1950年代のカナダの物理学者ギルバート・プラス（1920 ~ 2004）による予測にいたるまで，観察と洞察をかさねつづけたことで，基礎科学は固まったものの，将来の見通しはより流動的になっていきました。

参照：科学者たちによる温室効果ガスの発見（1856年），
二酸化炭素の上昇曲線（1958年），
気象モデルの発展（1967年）

スヴァンテ・アレニウスの肖像画，1920年作。スウェーデンの科学者で，
二酸化炭素が気候に与える影響を研究しました。

強大な嵐

ハリケーンに名前がつけられる数日前の1900年9月8日，大嵐がテキサス州ガルベストンを壊滅させました。推定で6,000 ～ 1万2,000人もの犠牲者を出し，いまだにアメリカ史上最悪の自然災害とされています。それまでのガルベストンは，メキシコ湾岸の真珠と称され，ニューオーリンズのライバルと目されるほど裕福な都市でした。大女優サラ・ベルナールが地元のオペラハウスで歌い，そこにテキサス州でまっ先に電話と電灯が設置されました。ガルベストンは9月のその日まで，将来性のある都市だったのです。

上陸した嵐の恐怖は，今ではカテゴリー 4のハリケーンとして知られることからも，心に残る歌「ワズント・ザット・ア・マイティ・ストーム」を生むきっかけとなりました。説教師「シン・キラー」グリフィンが最初に録音したこの歌は，「死神がうなりながら海にやってきた。呼ばれたら行かなければならない」と語りかけます。

この大嵐の直後に，ガルベストンは高さ5.2メートルの防波堤を建設しはじめ，最後には16キロメートルを超えるまでになりました。土木工学のおかげで，腕のいい作業員らがガルベストンの建物を３メートル以上ジャッキで持ち上げ，その下に水底土砂を積みあげました。10年以上かけて再建したものの，昔の繁栄振りは取りもどせませんでした。1914年までに深海船航路のしゅんせつ工事（底面をさらって土砂など取り去る土木工事）を請け負ったヒューストンに，ガルベストンが失った商売や産業を横取りされてしまいました。

不運なことに，メキシコ湾沿岸地域は壊滅的な嵐の手にかかって，さらなる死と破壊に直面します。2005年，ニューオーリンズは，洪水壁や堤防がハリケーン「カトリーナ」のもたらした高潮を防ぎきれなかったため，1,245人以上の市民を失いました。アメリカで最大の犠牲をもたらした自然災害ハリケーン「カトリーナ」は，国立ハリケーンセンターによれば，ニューオーリンズ地域とミシシッピ海岸沿いで750億ドルの損害を引きおこしたと推定されています。メキシコ湾岸沿いの他の都市の住民は，自分たちもいつかは海面上昇と気候変動によって引きおこされる強烈な嵐に見舞われる可能性をよく知っています。

－J.S.

参照：グレートホワイトハリケーン（1888），「中国の悲しみ」（1931年），気候災害の人的要因（2006年）

破片のうえを通り抜ける女性。1900年の街を破壊したハリケーンの影響を受けたテキサス州ガルベストンの19番街にて。

「空調設備」

人々は昔から，暑い時期をいかに涼しく過ごそうかと模索しつづけ，焼けつくような砂漠気候や，しゃく熱のジャングルの中でも社会を近代化させてきました。水道橋からの冷却水が富裕層の壁の中を巡っていた古代ローマ。ある皇帝は，山ほどの雪をロバの荷馬車で宮殿の庭園まで運ばせました。西暦200年ごろには，中国の技術者が奴隷にクランクを回させて動く送風装置を宮殿につくりつけました。

フロリダ州に住む医師ジョン・ゴリー（1803～1855）は，1800年代半ばに「高温による弊害」から住民を救う涼しい都市づくりを心に描いていました。まず，病院から手がけようと，病室を氷で冷やす基本的な装置を考案します。しかし，手ごろな価格で広く普及する空調機が誕生するまで，それから半世紀かかりました。若い技術者ウィリス・キャリア（1876～1950）が土台をつくったこの空調機は，人類と気候とのかかわりを大きく変えた発明に数えられます。

キャリアは，バッファローフォージ社で働いていた1902年に，印刷会社から湿気の問題をなんとかしてほしいと頼まれます。さっそく何度か実験を繰りかえしたすえ，冷却剤を充填したコイルを使い，温度と湿度を制御する装置を設計しました。のちに特許を取得することになる「空気処理装置」です。ほぼ同じころ，換気の専門家アルフレッド・R・ウルフ（1859～1909）が，混みあう部屋専用につくられた最初の冷房装置を設計し，第一号が1903年にニューヨーク証券取引所に設置されます。

キャリアは何人かの技術者たちと，1915年に自分の名を冠した会社を設立し，「あらゆる要求に対応した空調設備」を宣伝文句にかかげました。1920年代までに，空調設備の利用は，印刷機械やキャンディー製造機から映画館や百貨店の「快適冷房」にいたるまで，あっというまに普及していきました。

お手頃価格の家庭用冷房装置の発明のおかげで，蒸し暑い南部の居住区域が郊外に広がったように，空調設備はどこの国でも都市の成長に今も欠かせません。反面，空調設備が急速に増えつづければ，新たな課題が生まれます。冷蔵庫などを冷やすために使われる冷媒は，漏れると地球の温暖化につながるものもあり，空調設備に電力を供給しなくてはならない電力が化石燃料で生成されれば，ますます大気汚染を悪化させ，温室効果ガスを増加させていくことになるのです。

参照：万人のための傘（1830年），熱い（世界一熱い気温）議論の決着（2012年）

1960年代の女性が，空調設備の前でポーズを取っています。20世紀初頭に初めて利用できるようになった快適な空調設備のおかげで，人と天候との関係が劇的に変わりました。

No. 743,801. PATENTED NOV. 10, 1903.

M. ANDERSON.

WINDOW CLEANING DEVICE.

APPLICATION FILED JUNE 18, 1903.

NO MODEL.

Fig. 2.

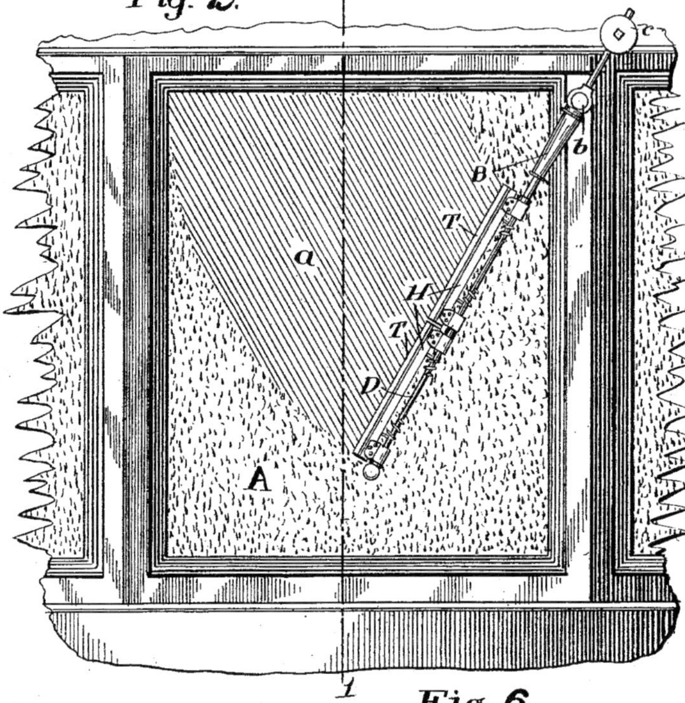

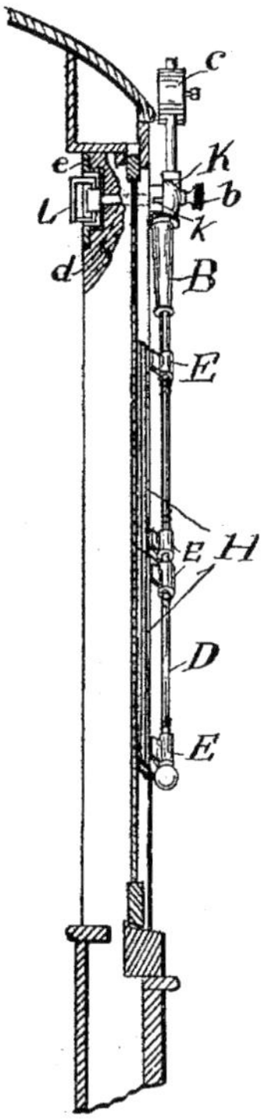

Fig. 1.

Fig. 6.

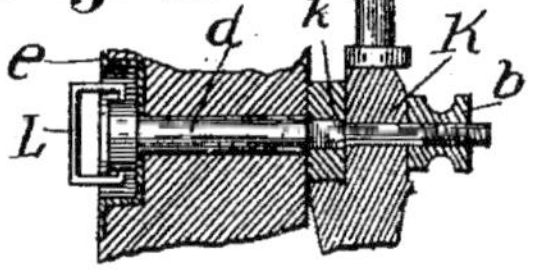

Fig. 3.

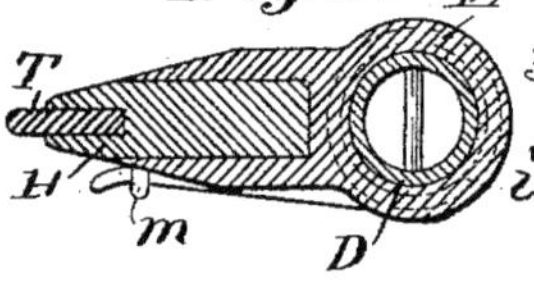

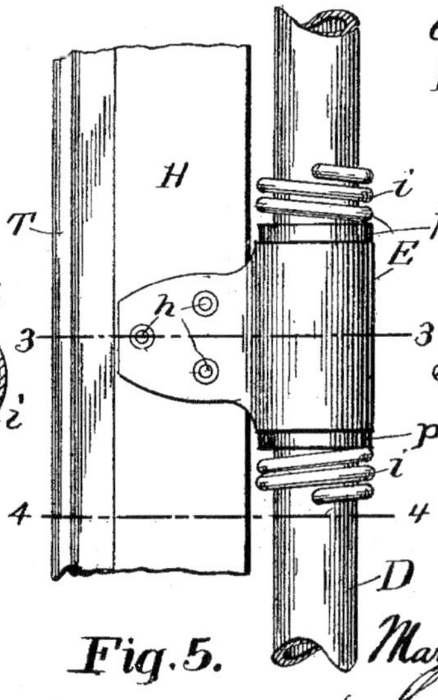

Fig. 4.

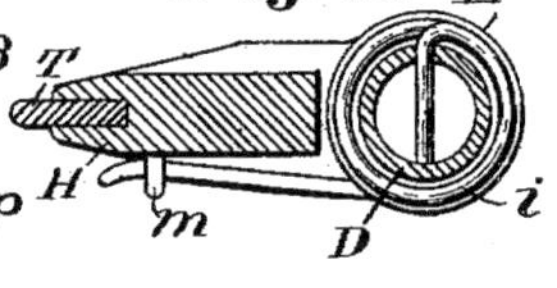

Witnesses
Milton Lenoir
Watts T. Estabrook

Fig. 5.

Inventor
Mary Anderson
by [signature] her Attorney.

ワイパー

今日，嵐の日に疾走する車の中から視界を守ってくれるワイパー。あたりまえすぎて靴ひもや歯ブラシと同じくらい目立ちませんね。ただ目の前にあるだけ。ですが，このワイパーは，アラバマ州出身の訪問不動産開発業者メアリー・アンダーソン（1866 ~ 1953）が，1902年の冬の日にニューヨーク市の路面電車に乗ったときに着想を得て実用化したのがはじまりです。そのとき，運転士がフロントガラスを開けたまま運転せざるをえない様子に気づきます。窓にたまったみぞれが拭けないからです。

さまざまな説がありますが，アンダーソンは，その電車の中でアイデアをスケッチしはじめ，アラバマ州に戻ると，さっそく製図を描いてもらい，工場で試作品づくりにとりかかったと言われています。1903年11月10日，アンダーソンは米国特許第743801号を取得しましたが，これには簡潔な説明が載っています。

ワイパーは，運転手の目の前にあるフロントガラスから雪，雨，みぞれを取りのぞくシンプルな仕組みが備わり，ハンドルLを握って一方向に回すだけで機能します。また，窓を拭く別の仕組みは，ワイパーのばねの力が，フロントガラスを拭くために圧力をかけられるようフロントガラスに接触するゴムを押さえる働きをします。同時に，障害物にぶつかっても動作不能にならないよう衝撃をやわらげる働きもしています。こうして，暴風雨の中で，フロントガラス越しに前が見えなくなるという難局は，うまく避けられます。

アンダーソンはこの発明品を売り込もうとしましたが，買ってくれる企業はありませんでした。17年で特許が失効してしまってから，自動車産業が革命的なブームを迎えます。つくり変えられたワイパーが新たに発明されると，1922年に，キャデラックがワイパーを標準装備として売りだす最初の自動車メーカーとなりました。

2011年に，アンダーソンは全米発明家殿堂入りしました。

参照：万人のための傘（1830年）

メアリー・アンダーソンによる図版で，1903年に特許取得済みのウィンドウ・クリーナーのデザイン。

乾燥地の発見

乾燥地といえば，かげろうが立ち，太陽が焦げつく砂漠，といった絵に描いたような風景を思い浮かべるのはしかたありません。たしかに，世界でも特に乾燥した地域として名前があがる，エジプトのアスワンダム周辺の砂漠から，山脈で東西をさえぎられ，500年も雨が降っていないとされる地球上で２番目に乾燥したチリのアタカマ砂漠にいたるまで，それらしい風景がきわだっています。実際，NASAの科学者は，アタカマ高原を火星と見立て，研究に使ったこともあります。

しかし，超乾燥地域は，よりによって南極大陸にあり，凍ってはいるものの，1.6キロメートルほどの厚さの氷でおおわれています。そこにあるマクマード・ドライバレーの湿度が極端に低いのは，内陸部からの氷床の流出が高い山々で妨げられるのと，極地高原からの冷たく濃い空気が内陸部から斜面を流れることで大気の湿度が失われ，ときおりハリケーンばりの突風が下降して暖められるからです。

マクマード・ドライバレーは，1903年12月18日にイギリス海軍士官で探検家ロバート・ファルコン・スコット（1868～1912）率いる最初の南極遠征で発見されました。のちに，スコットは1912年に２度目の遠征で４人の隊員らと南極点に到達しましたが，大陸沿岸への帰路，隊員ともども命を落としてしまいました。

スコットは，最初の遠征でドライバレーの一画をちょっと探索しただけで，すぐ引きかえしたときのことを，のちにこう書いています。「生き物はいっさい，コケや地衣類の一つも見あたらない。目にしたのは，はるか氷堆石の山に囲まれた内陸に横たわるウェッデルアザラシの骨格だけ。しかも，どうやってここまで来たのか，わけがわからない。まさに死者の谷だ。かつてここを流れた巨大な氷河でさえ跡形もないのだから」。

ドライバレーは，スコット隊の２回目の遠征に同行した別のチームにより，くまなく調査され，ここ何十年もの間に研究しつくされてきました。その結果，厳しい気候にもかかわらず，多様な「極限環境微生物」が棲んでいて，ほとんどの生命に適さない環境にも耐えうることがわかりました。

参照：ダストボウル（1935年），
地球上で最も寒い場所（1983年）

ビクトリアランドにあるライトバレーは，南極にあり，かつて氷河におおわれていましたが，現在は氷も降水もありません。この谷は，1910年のイギリス南極遠征隊のメンバーであるサー・チャールズ・ライトにちなんで命名されました。

WOODARDS
FURNITURE
FACTORY

ブルーノーザー，寒冷な北風

世界中のどんな温暖な地域においても，強力な寒冷前線が通過するときは，天気が穏やかでさわやかな状態から，急に情け容赦のない状態へ激変することがあります。しかし，1911年11月11日にアメリカの中部地域を襲ったような，グレートブルーノーザーという名前がつけられたこの寒冷前線ほど，広範にわたって強力な被害がおよんだ記録はありません。

最近のこの画期的な気象事象を分析したアメリカ国立気象局によれば，寒冷前線は，カナダのアルバータ州が広範な高気圧におおわれる２日前から停滞していたことになります。強力な低気圧がロッキー山脈から東にアイオワとミズーリに押しだされると，低気圧は前方に季節外れの暖気を北に引き寄せたため，北の寒気が後ろに流れこんだのです。

ミズーリ大学の100周年を記念した研究によれば，ミズーリ州コロンビアではブルーノーザーが午後２時ごろに襲い，暖かいそよ風を北から吹きすさぶ強風に変え，１時間ほどで気温は27.8℃から3.3℃に下がり，真夜中までに－10.6°Cまで落ちこんだと発表しています。

ミズーリ州スプリングフィールドからの天気特報では，午後2時30分ごろ，「濃い暗緑色の層雲が西の地平線に沿って上昇している」と伝えられました。これと同じ異様な雲形がこの地域のあちこちの市や町で目撃されました。

激しい雷雨と竜巻が，ミシシッピ渓谷から五大湖周辺の州を越え町を駆け抜け，12人以上が亡くなりました。

シカゴでは，男性が一人熱でやられ，残る二人は24時間以内に凍死と気象予報機関が伝えました。

この寒冷前線は，東海岸を移動しても激しさはおさまらず，伝えられたところでは，ニューイングランド沖で，風で上下に揺れる荷船からタグボートが外れ，14人の乗組員が海に投げだされて死亡しました。

参照：グレートホワイトハリケーン（1888年），猛突風（1934年）

1911年11月11日，異常な寒冷前線による竜巻で，ミシガン州オウォッソは，この家具工場のように，破壊されました。

地球の軌道と氷期

寒冷な氷期と，温暖な間氷期（現在もふくむ）の過去の大きな時間スケールの繰りかえしについて，19世紀半ばからはじまった研究で本質をとらえなおし，原因を突きつめて考えられるようになりました。議論を地球から，地球の軌道と黄道傾斜の微かな変化に向けた科学者の中に，ジェームズ・クロール（1821～1890）が名を連ねています。クロールは，グラスゴーの大学博物館で管理人として働いているとき，本を借りて物理学と天文学を独学で学びました。

クロールは，氷期の第一人者チャールズ・ライエルと手紙をやりとりしていくうち，スコットランド地質調査所で働くようになります。1875年に，クロールの予測と考えは，『Climate and Time, in Their Geological Relations』という本にまとめられ，当時の問題がうまくとらえられていました。クロールは，数万年のスケールで変化する時期では，北半球の日射量が減ったことで雪が積もり，氷期が引きおこされると予測しました。が，この考えは見向きもされませんでした。

クロールのあと，太陽の日射量と，氷期・間氷期との関係を探究した学者は，20世紀初頭の，セルビアの技術者で数学者のミルティン・ミランコビッチ（1879～1958）でした。天文学と気候史に魅了されたミランコビッチは，1912年から10年以上にわたり，地球の軌道と太陽への向きの三つの要因により，残雪のある夏が定期的に引きおこされ，巨大な氷床を形成できる力が生みだされる方法をあきらかにしました。ミランコビッチの根本原理が書かれた論文「Climates of the geological past」は1924年に発表されましたが，それから数十年にわたり議論がつづきます。

他の科学者たちが炭素・酸素同位体の割合の変動を利用して，地球物質と化石化した海洋プランクトンを年代測定する方法を開発する間に，エビデンスが得られるようになりました。未解決のままの問題もたくさんありますが，1976年の画期的な論文で，基本周期が，海底から抽出された層状堆積物に反映されているのが確認されると，ミランコビッチの理論はあらためて支持されるようになったのです。

参照：氷期の発見（1840年），地球にふりかかる宇宙天気（1859年），氷と泥のコアの中の気候の手がかり（1993年）

地球の地平線上に見える太陽の写真は，2013年に国際宇宙ステーションから撮影されました。1800年代後半から1912年にはじまるミルティン・ミランコビッチの軸となる仕事の時間にいたるまで，科学者たちは氷期が地球の太陽への傾きの微妙な変化によって形成される事例を集めました。

-45
-80
1000
850
691
-115
-60
NAPIER
BABBAGE
PEURBACH
PASCAL

リチャードソンの夢「天気予報工場」

現在使われている，大気の状態変化を数値的に計算して天気を予報するアイデアは，1904年にノルウェーの気象学者ヴィルヘルム・ビヤークネス（1862 ~ 1951）により考案されました。これをまっ先に適用したのは，科学の実用化に情熱をそそぐイギリスの数学者ルイス・フライ・リチャードソン（1881 ~ 1953）でした。たとえば，1912年にタイタニック号の沈没事故に衝撃を受けたリチャードソンは，さっそく船が鳴らす警笛の大音響を利用した氷山の位置を特定する手段を考案すると，特許を得たのです。

天気予報の数値を算出できる数値演算処理能力の備わったコンピューターが登場するまでには，リチャードソンがアイデアを生みだしてから数十年かかることになります。ですが，このときを機に，天気と気候モデリングの基礎をなす知的基盤が形づくられていきました。

1916年には，リチャードソンは気象力学の基礎方程式を解くなどして，独自の手法による最初の実験に取りかかります。彼は以前にも，1910年の5月20日午前7時から6時間後（中央ヨーロッパ標準時）の「予報」を試みていたのです！ 天気予報で重要なのは，まず初期状態をあらかじめ知っておくことで，それから時間の経過とともに大気の状態がどう変化していくかを推定します。リチャードソンがこの日を選んだのは，当時，ビヤークネスが記録していた湿度，気圧，風に関する豊富なデータがあったからです。ビヤークネスは，第一次世界大戦中に救急車運転手として働くかたわら，果敢にも気象データを集め，その後２年かけて，これをもとに天気予報をつくるために骨の折れる計算をつづけていました。

リチャードソンの天気予報は失敗に終わったものの，1922年の注目すべき著書『Weather Prediction by Numerical Process』で，前向きに原因を説明しています。それでも，自分ではこの手法は理にかなっていると信じて疑いませんでした。本の中でリチャードソンは，人間「コンピューター」による「天気予報工場」を夢見ています。6万4,000人の計算手を巨大な円形劇場に置き，座席には地球上の場所を割りあて，中央に立つ指揮者の指示でそれぞれの計算を行うと。

コンピューターを使った最初の天気予報は，1950年にメリーランド州アバディーンにあるアバディーン性能試験場で，ジュール・チャーニー（1917 ~ 1981）らにより出されました。リチャードソンはこのニュースに大喜びして，「科学の大進歩だ」と歓声をあげました。

—P. D. W.

参照：最初の天気予報（1861年），初めての数値天気予報（1950年），気候モデルの発展（1967年）

画家ステファン・コンリンは，1986年にルイス・フライ・リチャードソンが提唱する「天気予報工場」の鳥瞰図を描きました。

「中国の悲しみ」

大河は恵みの源であるとともに，災禍の源でもあることがおおく，肥えた土壌と交易路や豊かな水をもたらすのはもちろん，壊滅的な洪水も引きおこしかねません。こうした傾向は，蛇行しながら流れる黄河に，特にはっきりと見られます。歴史家は黄河を「中国文明のゆりかご」と言いあらわす一方,「中国の悲しみ」ともよんでいます。運ばれた大量の泥が河床を上げて土手がしばしば決壊したため，けた外れな数の死者を出してきたからです。

現に4000年の間に，1,000回以上も氾濫を繰りかえしています。特に一握りの壊滅的な洪水だけで，推定でも100万人以上の命がうばわれています。とりわけ1887年に，90万人から200万人が死亡したのをはじめとして，1931年には，88.060平方キロメートルが浸水し，数千万もの住人が家を失いました。洪水やそのあとの感染症や飢饉で，今までに85万人とも400万人とも思われる命がうばわれてきています。同じく1931年には，長江と淮河沿いにも大洪水がおこっています。

洪水がひんぱんにおこった年は，豪雨だったことが要因にあげられますが，なぜ，黄河が世界でも最悪の大河といわれるのか核心をつくには，気象事象に頼りすぎると，本筋からそれかねません。河の危険性は，主に人口と土地利用の変化に応じて左右されるため，何世紀にもわたって渤海へ注ぐ黄河流域の治水対策がとられてきました。河川名の由来となった黄土の土砂が大量に流れこむことで引きおこされる，大洪水との攻防戦をくりひろげてきたのです。

その土砂は，数百万年以上チベット高原に堆積した粒子の細かい黄土の深層部から削られ，700万年から800万年前の涼しく乾燥した時期に砂漠の風で運ばれてきました。
黄河の流域に沿って土砂が堆積する間に，河口近くでは，本流がまわりの土手よりも最大で9メートル高くなりました。約3世紀前に黄河が決壊したときには，すぐにふさがれたものの，それからは氾濫を繰りかえすようになったのです。

参照：強大な嵐（1900年），北海大洪水（1953年）

2008年に撮られた壺口瀑布。中国の黄河に沿って水量が急増していき，
壊滅的な被害をおよぼすこともあります。

猛突風

ニューハンプシャー州にあるワシントン山は，標高が1,917 メートルあり，アメリカ合衆国北東部の最高峰にあたるものの，エベレストには6,931.5キロメートルおよびません。ですが，冬の風と気象条件においては，このアメリカの最高峰はヒマラヤの巨人と互角の勝負をしています。

ワシントン山は，北米の暴風のおもな進路がいくつかぶつかる場所にあります。ジェット気流は西から東へワシントン山を越えて強風を運ぶ一方，この山のあるプレジデンシャル山地が南北に向いていることで，西よりの風の障壁となっています。ジェット気流からの風は，海岸沿いに南から北に移動する気象システムと交差します。さらに，ワシントン山は，じょうご形に広がる山脈の狭い通路状の場所にあるため，北東からの風がワシントン山に向かって流れこみます。山の険しい西面は，流れこんできた風をさらに圧縮し，風圧が強まります。

これらがすべて組み合わさり，ワシントン山はかつて地表風速時速370キロメートルの最速記録を打ちだしています。頂上では，ハリケーン級の強風が年に平均して110日観測されてきました。

62年近く，頂上にある天文台（氷や雪でおおわれていることが多い）は，地球上で測定された突風の最速記録を保持していました。1934年4月12日に天文台のスタッフにより測定された風速時速372キロメートルの突風です。この記録は，オーストラリアのバロー島にある無人気象観測所が，台風オリビアの発生中に風速時速407キロメートルの突風を記録した1996年に更新されてしまいます。

ただ，このワシントン山の突風は，無人ではなく，人間の手で直に観測された最高峰の地表風速記録にはちがいありません。その日，サルバトーレ・パグリウカ，アレックス・マッケンジー，ウェンデル・スティーブンソンら，ワシントン山展望台の職員は，目覚めると「超大型ハリケーン，ワシントンスタイル」としてこれを記録しました。昼に近づく間にも風はますます強まり，午後1時21分，風速計は風速時速372キロメートルの突風を記録したのです。この風速測定のあと，アメリカ国立気象局は，風速計で何回かテストを行い，この測定値が正しいかどうかを確かめました。

参照：グレートホワイトハリケーン（1888年），
ブルーノーザー，寒冷な北風（1911年）

ワシントン山展望台は，ニューハンプシャー州にあり，世界最悪の気象のいくつかを経験しています。
風で運ばれる水滴が凍結してできる霧氷で，いつもおおわれています。

ダストボウル

アメリカのグレートプレーンズ（大平原）には，数千年にわたって1.8メートルもの根を張る草の下に豊かな土壌が堆積しています。19世紀後半に，開拓者の波が押しよせ定住するようになると，牛を放牧し，作物を育てはじめます。1920年代に入り，連邦政府の手厚い報奨金制度と小麦価格が高騰したことで，南部平野に「大開墾」をもたらし，干ばつに強く進化した500万エーカー以上の草地生態系が，耕地に代わって形づくられることになります。そんなところへ，世界大恐慌がおこり，小麦価格は急落し，開墾地は放棄されるようになったのです。

さらに1930年の夏から，ひどい干ばつに襲われはじめ，数十年分の農業行為を損なうという代償を払わされます。1934年5月9日には，土埃が大平原に3,048メートルの高さまで舞いあがって壁のようにそそり立ち，太陽の光がさえぎられるほど濃くなっていました。このとき発生したダストストーム（砂塵嵐）は，東に進みながら3億1,800万トンの土埃を巨大な雲にまとめて，勢力を増していきます。そして，はるばるシカゴまで吹いていくと市内に540万キログラムの土埃を降らします。さらに2日後，ニューヨーク市に到着すると，空は暗くなり，黒い闇に包まれます。吹きとばされた土埃はボストンにも土埃を降らし，大西洋へと吹き流されていきました。大西洋にいた乗船員らは，厚く積もったグレートプレーンズの土をデッキからきれいに取りのぞかなくてはならない羽目になったのです。

しかし，これははじまりにすぎませんでした。最悪のダストストームが1935年４月14日に発生し，「黒い日曜日」として追悼されるようになります。ダストストームは，グレートプレーンズを横切ってカナダ南部からテキサスへと進み，甚大な被害をもたらし，昼を夜に変えました。何百もの人が被災し，多くは「じん肺症」で亡くなりました。その日，たまたまオクラホマにいたデンバー在住の記者ロバート・E・ガイガーが，「ダストボウル」（黄塵地帯）という用語を初めて使います。このダストボウルのせいで，世界大恐慌の最中にあってすでにアメリカの中部地域がかかえていた悲惨さが増長しました。

参照：大西洋を越える砂塵（2006年），熱い（世界一熱い気温）議論の決着（2012年）

強力なダストストームが1935年4月18日にテキサス州ストラットフォードに接近しました。

Le Petit Journal

ADMINISTRATION
61, RUE LAFAYETTE, 61

Les manuscrits ne sont pas rendus

On s'abonne sans frais dans tous les bureaux de poste

5 CENT. SUPPLÉMENT ILLUSTRÉ 5 CENT.

27me Année — Numéro 1.307

DIMANCHE 9 JANVIER 1916

ABONNEMENTS

	SIX MOIS	UN AN
SEINE et SEINE-ET-OISE..	2 fr.	3 fr. 50
DÉPARTEMENTS..	2 fr.	4 fr. »
ÉTRANGER....	2 50	5 fr. »

LE GÉNÉRAL HIVER

ロシアの「冬将軍」

天候は，戦争の行方に思いもよらない影響をあたえてきました。たとえば，風向きが変わったことで，英国の艦隊が，優勢だったスペインの無敵艦隊を打ち破った1588年のアルマダの海戦ときのように。ところが，こうした天候の重要性は，しっかり予測できるにもかかわらず，時として過小評価されることもありました。ロシア遠征については特にそうで，悪名高き寒さと，戦意の失せる雪解けのぬかるみでよく知られています。戦争史の専門家が，これらをロシア戦での大敵として「冬将軍」と「ぬかるみ将軍」と比喩しました。

こうした1708年の大北方戦争中のスウェーデンによるロシア攻略の失敗や，1812年のナポレオンによるロシア遠征の失敗にかかわらず，戦争の敗因は，寒さだけでかたづくわけでも，まして決定打になったというわけでもありません。けれども，モスクワの寒さはいつも戦場につきまとい，遠征隊を苦しめたうえに無力化，弱体化させていきました。1941年，ロシアに奇襲攻撃をしかけたドイツは，ヒトラーの自信過剰がたたってモスクワに着くのが遅れたため，冬の寒さがロシアに味方しました。

歴史家アンドリュー・ロバーツは，2011年の自著『The Storm of War』で，1941年12月20日，ナチス・ドイツの宣伝省大臣ジョセフ・ゲッベルスが，ドイツ国民に防寒衣を軍の前線に送るよう呼びかけた内容を引用しています。

「たった一人の兵士でも，寒さをしのぐ服もなく冬将軍にさらされているとすれば，家にいるわたしたちは，一時間たりとも平穏でいる資格はない」。軽く見すぎて，遅きに失しました。

気象予報官にとったヒトラーの否定的な態度が，悲惨な撤退をまねいたことは，おおいに考えられます。1941年10月14日夜遅くに記録された気象に触れた独白で，ヒトラーは自分の立場を次のように明かしています。

「気象予報官」の予測を信用するわけにはいかない……　天気予報は，無意識に身につけられる知識とはいえない。欲しいのは，第六感に恵まれ，自然の中で自然とともに暮らす男だ。等温線や等圧線がどうのこうのと言うような男ではない……

ロバーツは，ヒトラーの図書館には，ナポレオンの一連の軍事作戦に関する蔵書がずらりと並んでいることがわかったと書いており，皮肉にもとこう続けました。「先人から，最もあきらかな教訓，悪天候については学ばなかったようです」。

参照：大航海時代（1571年），ジェット気流が武器に（1944年）

「冬将軍」のイラスト。1916年1月9日，フランスの新聞『Le Petit Journal』の表紙に見られるように，「冬将軍」は，第一次世界大戦の東部前線でロシアとたびたび手を結びました。ナポレオンからヒトラーまで，ロシアの敵軍は，この強敵に退路を迫られました。

MARCH 1950 35 CENTS

POPULAR MECHANICS MAGAZINE

WRITTEN SO YOU CAN UNDERSTAND IT

REG'D. TRADE MARK, GREAT BRITAIN, No. 410426 REG. U.S. PAT. OFF.

FLY INTO THE HEART OF A TYPHOON

—Read this terrific story of a B-29 crew—Page 133

ハリケーンハンター

現在では，気象観測機があらゆる強さの熱帯暴風の中心に突っこんでいき，アメリカ国立ハリケーンセンターの予測を修正できるデータを集めるのが一般的になっています。この航空機観測により，風速の詳細と，衛星画像やレーダーより精度の高い気象データが得られます。観測に欠かせないのは，ドロップゾンデとよばれる気象計測機器で，この装置をつめたチューブが暴風の中に投下され，降下しながら気温・気圧・湿度・風向風速などの測定値を無線で地上に送信します。典型的なハリケーンの季節のこうした観測では，最大1,500機のドロップゾンデが投下されます。

台風の進路を追跡するこのような飛行は，気象衛星の時代よりもずっと前，軍用機で太平洋を偵察していた第二次世界大戦までさかのぼります。公務としてのハリケーン偵察飛行は1944年にはじまりましたが，ハリケーンの目に突っこんだ最初として知られている飛行は，これより1年前に，挑発されて賭けにでるかたちで敢行されたのです。

1943年，イギリスの飛行士たちがテキサスのブライアン飛行場に駐留し，計器飛行による訓練や，夜間や悪天候でも安全に飛行できるよう新たに考案された一連の手順と実践を受けていました。教官は，空軍大佐ジョー・ダックワース（1902 ~ 1964）で，この偵察飛行草創期の指導者の一人です。そこへハリケーン（のちに，1943年の「サプライズ」ハリケーンとよばれる）が接近し，激化して1900年の壊滅的な大ハリケーン・ガルベストン級の勢いで迫っているという知らせが入ります。

イギリスの飛行訓練生らは，訓練に使っていた複座機AT-6「テキサス」を，もう少し安全な場所に退避させなくてはならないかもしれないと耳にしたため，「テキサス」に不具合でもあるんじゃないかと教官をからかったのです。気象学者で歴史学者のルー・フィンチャーが記したこの騒動の説明によれば，ダックワースは賭けをして，基地からのナビゲーターで自ら操縦し，暴風に飛びこんでいっては，安全に戻ってくるという離れ業を繰りかえしてみせ，イギリスの飛行訓練性らの誤りを証明したのです。

ハリケーンの気象偵察飛行は，たちまち４エンジンジェットで操業される本格的な科学的事業に成長していきました。いずれにしても危険な職業です。1945年から1974年の間に，太平洋で5機，カリブ海で1機の計６機のハリケーンハンター機と乗員仲間53人が失われました。

参照：フランクリンのハリケーン追跡（1755年），
初の竜巻写真（1884年），強大な嵐（1900年），
ストームチェイスによる科学調査（1973年）

『Popular Mechanics』誌の1950年3月号は，太平洋で台風を調査するためにアメリカ空軍が使用したB-29爆撃機の物語です。

ジェット気流が武器に

ジェット気流とは，高高度を高速度で蛇行しながら進む大気の流れのことをいい，1947年に，シカゴ大学の科学者が書いた論文の参考資料として初登場した気象用語です。第二次世界大戦中，ジェット気流によって，西へ向かう連合軍の爆撃機の速度が非常に遅くなったことで注目されました。ところが，すでにその20年前にジェット気流は発見されており，しかも戦争中に予想だにしない命にかかわる任務に利用されていました。

1923年から1925年にかけ，日本の気象学者，大石和三郎は，東京の北にある観測所から1,200を超える小さな風船を打ちあげ，季節ごとに異なる高度で風速を測定しました。そして，冬に，時速241キロメートルを上まわることの多い，7,620～10,668メートルの高度で西から吹く風の層（ジェット気流）を特定したのです。大石は1926年にこの結果を公表したものの，観測所の日誌にだけ，しかも世界共通語のエスペラント語を使っていたため，あまり外部には知られていませんでした。

大石は1940年に亡くなりましたが，残された調査結果はそのまま用いられました。残された気象図を手がかりに，日本は，1944年11月から1945年4月までに焼夷弾を積んだ9,000個の風船を飛ばします。ほとんどは太平洋に落ちてしまいましたが，300個が気流に乗ってアメリカへと運ばれました。

運ばれた風船のほとんどは住民がいない地域に着地しましたが，その中の一つで犠牲者が出たのです。1945年，オレゴン州で気持ちのいい5月の午後，牧師のアーチー・ミッチェルと妊娠中の妻のエリスは，日曜学校のクラスから5人の子どもを連れて森にドライブに出かけ，ピクニックを楽しんでいました。ミッチェルが道路工事をしている作業員に道を聞いている間，エリスと子どもたちは近くの森を散策していました。作業員の一人リチャード・バーンハウスが，エリスと子どもたちが地面に落ちた何かを指さしているのを見ていると，突然，大爆発がおこります。そのすさまじい爆風で，エリスら全員の命が奪われました。北アメリカ大陸での敵の攻撃による唯一の犠牲者は，紙風船で海を渡って運ばれてきた爆弾によって殺されてしまったのです。

参照：最初の気象観測気球の飛行（1783年），
ハリケーンハンター（1943年）

第二次世界大戦後期に，日本はジェット気流を利用して，焼夷弾を何千もの風船に積み，アメリカに運ばせました。約300個が本土に着地したとされています。1945年5月5日，オレゴン州南部でその風船の一つに出くわした妊娠中の女性一人と，5人の子どもらが犠牲となりました。

レインメイカー

人々は古来より，天気を自由に操りたいと夢見てきました。19世紀までは，呪術や祈祷に頼ることが多く，けばけばしい祈祷師らが，仰々しく，惑わすように体を使って雨乞いなどを行っていました。コルビー大学の科学技術史家ジェイムズ・ロジャー・フレミングも著書で記したように，男たちが次々と「レインメイカー（人工降雨専門家）」として降雨をもたらそうとしたり，荒天を鎮めようとしたりしたことが紙面をにぎわすようになります。1830年代に，のちにアメリカ合衆国連邦政府で働く最初の気象学者となったジェームズ・エスピー（1785 ~ 1860）が，熱風を噴出させて，嵐をうながすために大火を放つことを提案します。1891年には，アメリカ連邦議会は，テキサス州の干ばつを収めるために爆発を使うという唐突な試みへ，ふんだんな資金を出します。さらに，調合した謎の薬品を使った人工降雨技術を持つ起業家チャールズ・ハットフィールド（1875 ~ 1958）は，20世紀の時代に人工降雨，つまり「雨を降らす技術」をもたらします。彼は乾期を終わらせるために雇われて市町村を渡り歩き，木のやぐらの上から意味ありげに薬品を蒸発させることで雨雲をつくり，雨を降らせました。ただ，依頼された人工降雨の一つが，カリフォルニアの大洪水と同時におこるという不運に見舞われ，訴訟に持ちこまれる羽目になりましたが。

1946年に，ニューヨーク州アップステートにあるゼネラル・エレクトリック社の研究室で，研究者らが雨や雪を降らせる重要なステップとして，ヨウ化銀など雲の種をまく方法（クラウドシーディング）を考案すると，大戦当時に比べ，科学的に進んだアプローチが実を結んだように見えました。研究室のヴィンセント・シェーファー（1906 ~ 1993）は，ドライアイスが霧箱の中の水蒸気をすぐに数百万個の氷の結晶に変えることを発見します。また，別の研究者で小説家カート・ヴォネガットの兄バーナード・ヴォネガット（1914 ~ 1997）も，ヨウ化銀粒子にも同様の効果があることをすぐに発見します。そうして1946年11月，シェーファーは飛行士とマサチューセッツ州上空の小さな飛行機からヨウ化銀を散布し，一帯に雪を降らせました。

クラウドシーディングは，こうした試験飛行を経るとたちまち戦争に利用されるようになったため，1978年に環境改変技術の軍事的使用を禁止する条約が定められました。科学的な研究では，いまだにめざましい効力は見せないものの，中国や米国の一部，それに中東などでは，今なお頻繁にクラウドシーディングが行われています。

参照：「空調設備」（1902年），気候を操る？（2006年）

1946年，ゼネラル・エレクトリック社の科学者ヴィンセント・シェーファーは，ドライアイスを使って雲をつくる方法を考案しました。ヨウ化銀を使用した実験も行われました。

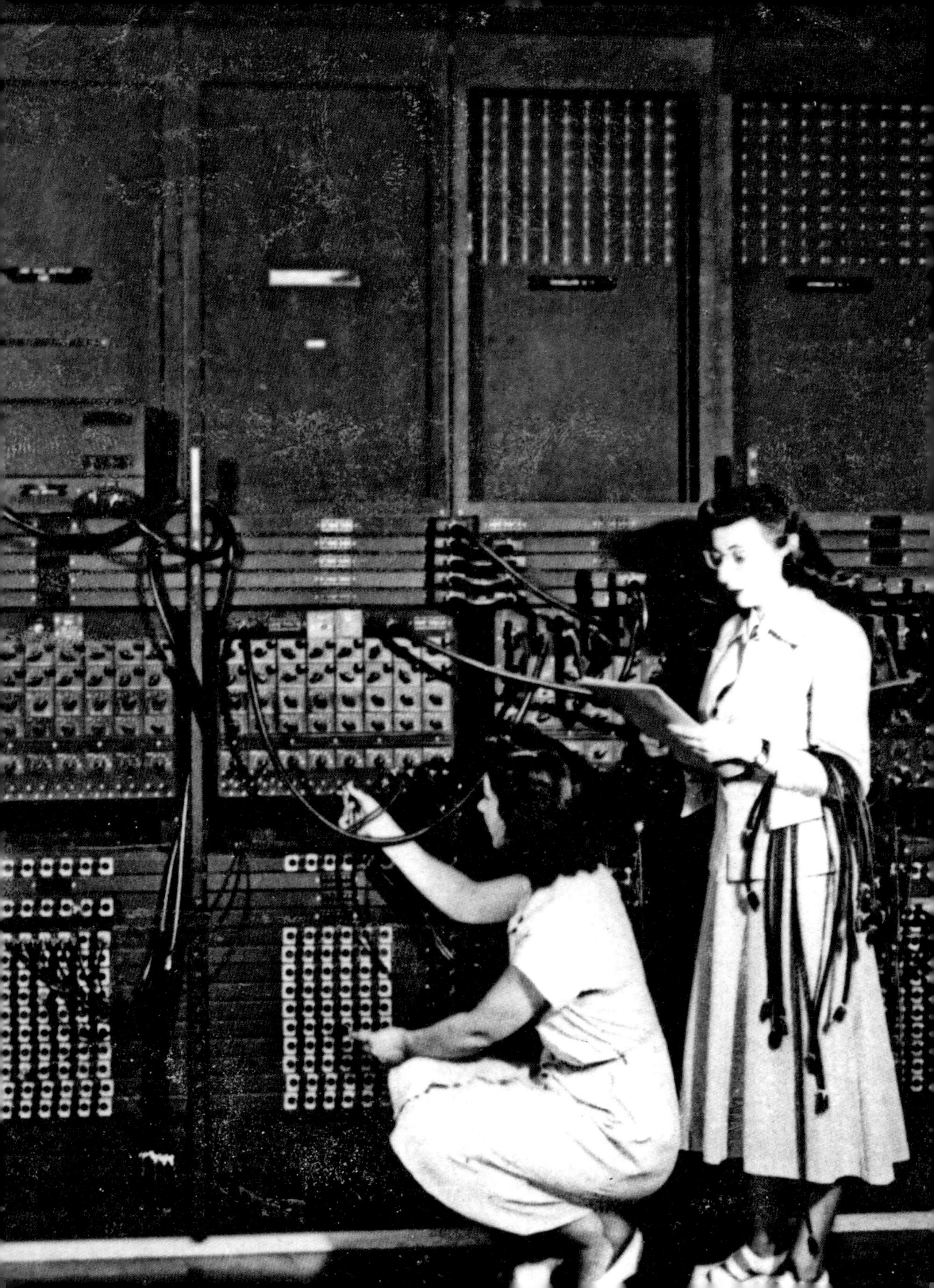

初めての数値天気予報

早くも19世紀後半には，アメリカの気象学者クリーブランド・アッベをはじめとする研究者らは，大気中のエネルギーと水蒸気の流れを数値的にあきらかにできることを認識していました。しかし，数値で有益な予測ができる可能性があきらかになったとはいえ，予測はとらえどころのないものでした。ルイス・フライ・リチャードソンが1922年に提唱した「予報工場」の構想で，数値天気予報の構造はつくられたものの，あと二つの重要な要素が満たされるまでに，さらに20年を要しました。それは地球の広範囲にわたるリアルタイムの気象網と，迅速な計算ができる大容量のコンピューターです。

天気予報の的中率は，大気の数理シミュレーションの設計にあるだけでなく，ある時点での風景や海景の初期条件（風，温度，気圧）をできるだけ詳細に再現する能力にかかっています。こうした能力は，気象観測所のグローバルな通信能力と，急成長するネットワークのおかげで，劇的に改善しました。さらに，衛星と深海深くに投下されるブイにより，大きく飛躍しました。

宇宙飛行からエネルギー技術にいたる多岐にわたる分野で見られるように，天気予報の進歩の裏には，国防との関係が見のがせません。天気予報には膨大な数値の計算という問題が残っていたため，冷戦のはじまりとともに，海軍は，ニュージャージー州のプリンストン高等研究所を率いる先駆的な数学者ジョン・フォン・ノイマン（1903～1957）の支援を仰ぐことになります。1946年7月，国の気象研究プロジェクトが始動しました。

ノイマンは，大気の数理モデルを改良するため，ジュール・チャーニー率いる気象学者らの精鋭集団を招集しました。研究者らは，まず，最初のコンピューターであるENIAC（エニアック。8,000本の真空管で構成された。総重量30トン）にアクセスします。これは，水素爆弾の実現可能性を計算するため，1945年のコンピューター黎明期に使用されたものです。コンピューターによる初の24時間天気予報は1950年4月に完成し，その年のうちに公開されました。コンピューターが計算を終えるのに24時間以上かかりましたが，この操作で一連の処理がうまく行われていることが実証されたのです。3年後，スウェーデンのBESKコンピューターは，初めてリアルタイムで数値天気予報を打ち出し，90分ほど前に予測し，的中させました。

参照：最初の天気予報（1861年），
リチャードソンの夢「天気予報工場」（1922年）

1946年，アメリカ陸軍のENIACコンピューターをプログラミングするマーリン・メルツァー（右）とルース・タイテルバウム（左）。初期のコンピュータープログラマーの多くは女性でした。

竜巻の事前警報

気象学は，もともと厳しい天候に警報を発することが主な目的でした。しかも，特に危険をともなう暴風の場合，警報を出すべきか，誤認警報に気をつけるべきかで，意見が分かれることがよくありました。アメリカ陸軍通信部隊の青年将校ジョン・パーク・フィンリー（1854 ~ 1943）は，気象学の訓練をしっかり受けていたことから，竜巻の位置と発生する気象状況について，1878年から，息の長い綿密な研究に取りかかります。のちにこれを『Tornadoes : What They Are and How to Observe Them, with Practical Suggestions for the Protection of Life and Property.』というイラスト入りの本にまとめました。1887年にインシュアランス・モニター社から出版されたこの本には，竜巻のリスクを予測する手順が載っています。

ところが，本が出版された同じ年に，アメリカ陸軍通信部隊は，予測の中で竜巻という言葉を使用することを禁止する規則を制定し，ハリケーンの警報も公式に禁止したのです。この政策は，アメリカ気象局長ウィリス・ムーアにより1895年から1913年まで強行されます（ハリケーン警報を発令することへのムーアの反感は，1900年のガルベストンのハリケーンで恐ろしいほどの犠牲者が出たことに，警報が影響を及ぼしたと考えられたからともされています）。

当時の竜巻警報の禁止令は，1938年に緩められたものの，さらに10年，オクラホマの軍用飛行場で，数十機の航空機が強力な竜巻に破壊された1948年3月20日まで実施されることになります。このとき，竜巻の予測可能性を評価する任務が空軍所属の気象学者二人に課せられると，5日後に竜巻警報が発令されました。まさに，別の竜巻が基地を襲いかかる3時間前だったのです。

1938年から1963年まで気象局長を務めたフランシス・W・ライッチェルダーファーは，1950年7月2日に警報禁止令を解き，次のように説明しました。

「予報官は，竜巻を予測するための確かな根拠がある場合はどんなときでも，できるだけ明確な用語で状況にふさわしい予測をしなくてはならない」。

イリノイ州に嵐がおこった1953年4月9日，第二次世界大戦時から設置されているレーダーシステムが，雷雨の奥で発生する竜巻の活動を示す「フックエコー」を検知しました。このあきらかな兆候に，レーダーでの観測を重ねたことで，さらに信頼性の高い警報を出すことができました。ですが，こうした強力な竜巻の大気状況では，警報に従わなかったり，身近に避難場所がなかったりすれば，今でも恐ろしい損害を強いるのは免れません。

参照：強大な嵐（1900年），初めての数値天気予報（1950年）

竜巻は，いまだに壊滅的で致命的ですが，警報の改善と，シェルターのある（または，追加された）建物が増えたことで，死亡率が劇的に下がりました。写真は，2013年5月20日のオクラホマ州ムーアでの竜巻に耐え抜いたコンクリート製のドーム型シェルターです。

15
KEW GREEN

ロンドンスモッグ

ロンドンでは暖房用燃料として，早くも中世から石炭が使われていました。19世紀までに，人口が増えるにつれ，石炭を燃やして出る煙と有害な空気との因果関係が，ことあるごとに取りざたされるようになります。チャールズ・ディケンズも1882年に出版した『ロンドンの辞書』で次のように触れています。「汚れた大気と，ロンドンの霧（浮遊する炭素でつくられる）が混ざったものを大きく吸いこむことは，肺と気道に何よりも大きな害をもたらす」。

それでも，「グレートスモッグ」として知られるようになったロンドンスモッグの前では，以前の公害は，どれもかすんで見えます。グレートスモッグは，1952年12月5日から5日間もロンドンを包み込んだのです。突然の寒波に見舞われ，異常に長引いたため，どの家庭でもいつもより長く石炭ストーブが使われました。普段なら，煙は大気中に昇って消え散るはずでしたが，イギリス上空をおおった高気圧のせいで気温の逆転が生じ，湿った空気とともにたまった煙流が閉じ込められてしまいます。

イギリス気象庁の説明によれば，汚染は霧の触媒として働き，水分のついた煤の上で凝縮した可能性があります。化学物質と水分が混ざったことで，皮膚と呼吸器のトラブルを悪化させる恐れのある酸性条件がそろったのです。

有毒な霧が街を包んで，生活を停滞させました。黒いヘドロが歩道や道路の表面をおおい，2階建てバスは，車掌が前を歩いて巧みにライトを使いながら，通りを先導しなくてはなりませんでした。

酸性霧がもとで，15万人が病院に送りこまれ，1万2,000人もの死亡者を出す状況になってしまいました。この事件をもとに，イギリス国会で1956年に大気浄化法が成立し，その後に続く煤煙の排出規制を盛り込んだ条例は更新されました。

近年では，中国やインドなどの新興工業都市が恐ろしいスモッグ事象に取り組むようにになってきました。21世紀に入り，これらの国では，石炭の燃焼，自動車の排気ガス，調理用の火などから排出される汚染物質が混ざったもので，大気汚染が加速されているのです。

参照：ロンドン最後のフロストフェア（1814年），石炭，二酸化炭素，そして気候（1896年），ダストボウル（1935年）

濃く有害な霧からバスを誘導するロンドンバスの車掌。

北海大洪水

オランダは国名の通り「低地」にあるため，その歴史を通じて，北海の海水が国土に流れ込まないよう干拓を進めなくてはなりませんでした。人口密度が高いオランダは，国土の20%が海面より低く，50%は海抜1メートルしかありません。風車ができた当初の役割には，低湿地帯だった所に堤防をつくり，排水してできた干拓地から水を汲みだすことも含まれていました。

20世紀初頭になると，激しい嵐により浸水が広範に及んで国を脅かすのでは，という不安が募ってきます。1937年の政府報告書では，海に面した堤防の劣化など，危険な兆候が見られるとして，海の入江全域に防波堤を築き，さらに海に面した堤防への依存度を下げることを示した大きな計画を提案しました。ところが，諸事情による遅れと，第二次世界大戦に阻まれ，計画は思うように進みません。1953年までに2か所の河口に治水工事が施されただけでした。

そうこうするうち，大災害が発生します。1953年1月31日，暴風によるすさまじい嵐が北海の上に吹き荒れました。当時の堤防は，高さが足らないものが多い上，浸食され，戦時中に軍事施設として築かれた場所は劣化しています。そのため，150か所の海岸堤防が破損。たまたま大潮と重なった高潮が，一晩で1,400平方キロメートル流れこみ，1,836人の犠牲者を出しました。イギリスとベルギーの北海沿岸部も洪水に見舞われたものの，オランダの人々が受けた打撃にはとうてい及びませんでした。

オランダ政府は国の回復を待たず，未曽有の大嵐に耐えるために堤防を強化する方法と，1万年に一度の大嵐攻撃をもかわす方法を考案するため，デルタ委員会を発足させました。委員会の計画には，河口の閉鎖，ダムと高潮堤の建設，水路と水門の設置，堤防の強化などが盛り込まれました。計画は1958年にはじまり，1997年，正式に達成しました。

2014年には，地球温暖化による海面上昇の予測を考慮し，新たなデルタ計画が承認され，洪水を防止するため，さらに250億ドルが30年以上にわたって投じられることとなりました。

参照：カリフォルニアの大洪水（1862年），強大な嵐（1900年），「中国の悲しみ」（1931年）

北海の大洪水後の荒廃を見まわすオランダのクライニンゲンの住民。水が引いてから6か月のちも，多くの街はまだ泥に埋もれたままでした。

二酸化炭素の上昇曲線

1世紀にわたる研究を通じ，微量ガスである二酸化炭素は温暖化をもたらすことがあきらかになりました。二酸化炭素には地球を暖める効果があり，化石燃料を燃やすことで蓄積され，さらに地球を暖めるからです。しかし，大気中の二酸化炭素の濃度がどれほどの速さで増えているかは，まだ誰も知りませんでした。海洋や森林では，二酸化炭素（CO_2）の吸収がうまく作用しているのでしょうか。

1957年には，スクリップス海洋研究所の科学者ロジャー・レヴェル（1909 ~ 1991）とハンズ・E・スース（1909 ~ 1993）が，海洋には実は二酸化炭素を蓄えられる量が限られていると結論づけます。二人の論文が出版される前に，レヴェルはそれ以来よく引用されている，次の1行を加筆しました。「人類は，今まさに過去におこりえなかった，または将来に再現されることはない類の大規模な地球物理学の実験を行っているのです」。

ここでいう「実験」とは，大気中の二酸化炭素を蓄積しつづけることです。その結果次第では，今後何世紀にもわたって人類と生態系に大きな影響をもたらしかねません。

しかし，実際に二酸化炭素によってもたらされる事象を追っていくには，一貫した測定を試みなくてはなりません。1958年，国際地球観測年とよばれる広範囲にわたる研究構想の一環として，スクリップス海洋研究所の若き化学者チャールズ・デービッド・キーリング（1928 ~ 2005）は，マウナロア山（ハワイ島にある体積が世界一の休火山）の3,352.8メートル地点に，二酸化炭素濃度を絶えず測定できる計測器を設置しました。汚染源のない場所で，計測ははじめられました。測定値は，北半球における春夏の植物の急成長を反映し，毎年上がったり下がったりする季節的な周期変動を示しました。ところが，1960年までに，二酸化炭素濃度が長期的に上昇し続けていることがあきらかになり，間違いなく上昇していることが見てとれるようになりました。キーリングは，その後も数十年間にわたって二酸化炭素濃度を計画的に測定し，現在キーリング曲線とよばれる二酸化炭素濃度の長期的上昇を示すグラフを作成しました。キーリングが2005年に亡くなった後も，息子のラルフ・キーリングが計測を続けています。

参照：科学者たちによる温室効果ガスの発見（1856年），
石炭，二酸化炭素，そして気候（1896年）

スクリップス海洋研究所のチャールズ・デービッド・キーリング。
自身があきらかにした二酸化炭素濃度の計測記録を調べています。

軌道からの気象観察

気象予報は，1950年代の終わり頃に，大きく躍進していく時期にさしかかっていました。コンピューター・シミュレーションやレーダーなど，機器による気象予報は急速に改善されていましたが，宇宙開発競争において新たな要素が生じてきていました。地上から気象の状態を観測するために，望遠カメラを搭載した人工衛星を地球の軌道に乗せるというものです。まもなく機器も搭載されるようになると，雲のパターンだけでなく，温度や湿度など多くの測定値が計測できるようになりました。

アメリカ初の気象衛星打ち上げの試みが成功したのは，1959年2月17日のバンガード２号でした。ところが，衛星を軌道に乗せるロケットの一端が宇宙船にぶつかり，軌道を回る姿勢がぐらついたため，雲量について有用なデータを満足に集められませんでした。

衛星気象学の時代は，1960年4月1日にNASA（アメリカ航空宇宙局）がタイロス（TIROS：テレビジョン赤外線観測衛星）計画でタイロス１号の打ち上げに成功したことで本格的にはじまりました。タイロス１号は重量が120キログラムあり，太陽電池式テレビカメラが2台搭載され，地球の画像を広角レンズと望遠レンズで撮影します。衛星が極軌道上を周回する間，テレビカメラは30秒ごとに写真を撮り，衛星が地上に通信できない領域で撮影した画像を磁気テープに記録して保存します。

タイロス１号で初めて撮影された映像は紅海の画像です。タイロス１号は，1960年の4月1日から6月18日までに23,000枚の画像を地上に中継しました。きめの粗い画像でしたが，これで衛星を使ってさらに精度の高い気象予報ができると立証されたのです。

1962年，タイロス計画で打ち上げられた４番目の衛星が次世代カメラや他のセンサーを搭載したことで，アメリカ気象局は雲の画像を世界中の気象機関に送信できるようになりました。

タイロス計画は，1980年代を通して続きます。その間に，降雨率から積雪，海氷まで，さらに，風速から大気の平均気温にいたるまで，すべてを追跡することで，気象と気候の研究を推進させてきた一連の地球観測衛星への道を切り開いてきたのです。

参照：地球の軌道と氷期（1912年），
初めての数値天気予報（1950年）

1960年4月1日，人類初の気象衛星タイロス１号により宇宙から撮影された初の地球画像。

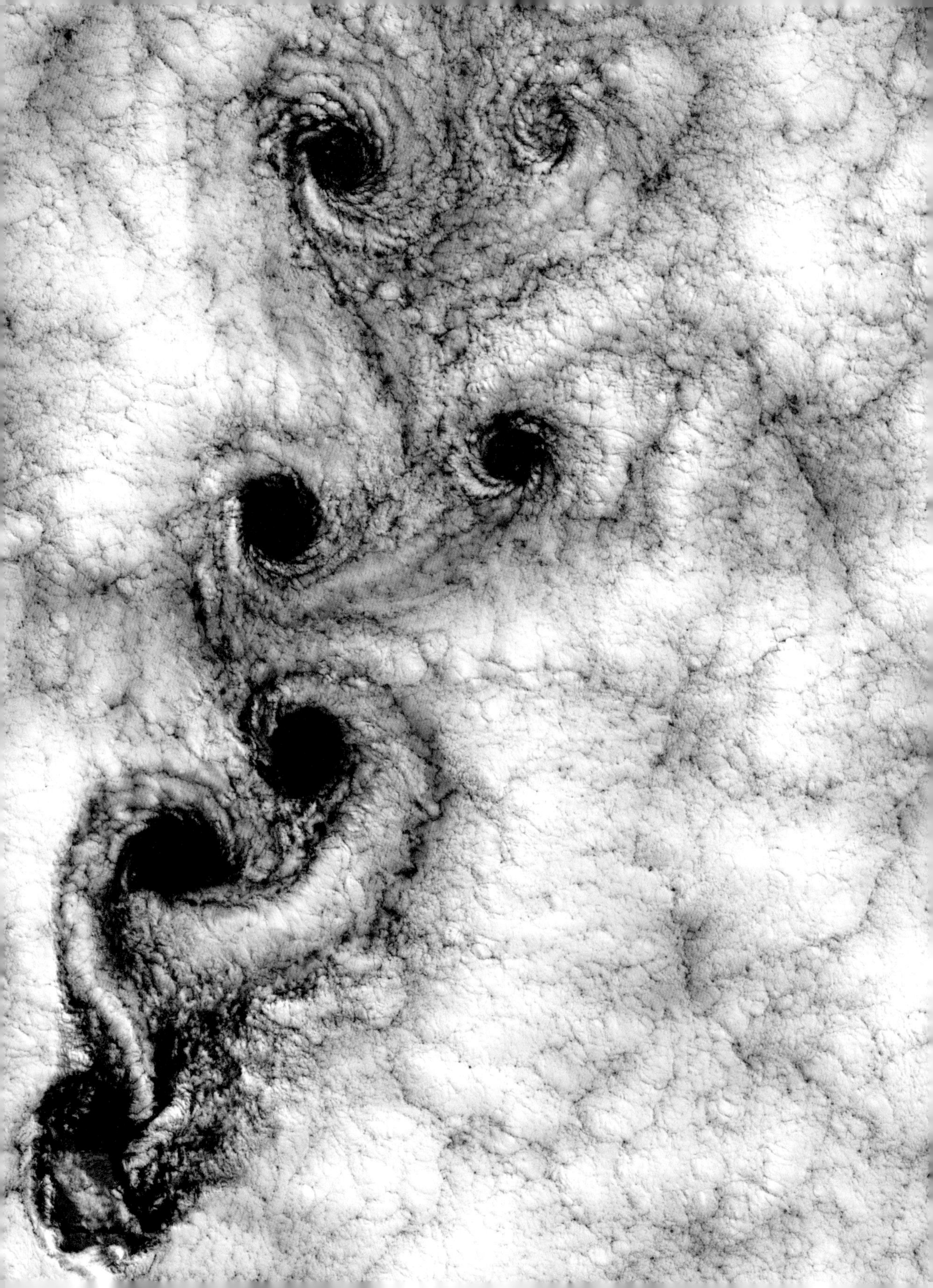

カオス理論と気候

数値天気予報（ヴィルヘルム・ビヤークネス，ルイス・フライ・リチャードソン，その他の世代が先に設計した手法）は，1960年までに，コンピューターの性能と足並みをそろえるように進歩してきました。衛星やその他のセンサーのおかげで観測が向上して理論が発展したため，気象学は高揚期を迎えました。そこに，マサチューセッツ工科大学の気象学者エドワード・N・ローレンツ（1917～2008）がカオス理論をたずさえて登場します。

1960年11月，ローレンツは東京で開催された会議で講演を行いました。ローレンツは，大気の簡単なコンピューターモデルを使って天気図を作成すると，標準的な予測手法でこれを再現してみせます。その結果は，3日先以降の予測が意味をなさないというものでした。

講演のあと，スウェーデンの気象学者バート・ボリン（1925～2007）は，初期の気象条件に対応するデータを変更してみて予測結果の変化を確かめたのかと，ローレンツに訊ねました。ローレンツは，12の変数の一つを1パーセントの割合，つまりほんのわずかな差で変更したと応えました。

歴史家のジェームズ・ロジャー・フレミングは，2016年に出版した著書『大気科学の発明』で次のように書いています。

> ローレンツは，数値の誤差が大きくなって，最初の天気図が最後には別物になるまで，ゆっくりと指数関数的に誤差が広がっていくことを発見した。これは，少なくともこの特定の方程式では，予測には限界があることを暗に示している。ローレンツは，気象システムは「初期状態に繊細に依存する」という理論をあきらかにした。これが，カオス理論の定義である。

研究を深めたローレンツは，1963年に画期的な論文にまとめあげ，次のような核心をつく研究結果を発表しています。「遠い将来の予測は，現状が正確にわかっていなければ，どんな手法を使ったとしても不可能である。気象観測の避けられない誤りや，不完全さを考えると，精度の高い長期予測はありえないように思える」。

ローレンツのカオス理論は，それ以来，財政学や生態学など，さまざまな分野に波及していきます。また，1972年以降になると，バタフライ効果として知られるようになりました。当時ローレンツの講演で，会議の主催者がいつのまにか，彼の講演題目「ブラジルで1匹の蝶が羽ばたくと，テキサスで竜巻が起こるか？」に，バタフライ効果という表題をつけ加えたのです。

参照：リチャードソンの夢「天気予報工場」（1922年），
初めての数値天気予報（1950年），
気候モデルの発展（1967年）

気候システムは，このカルマン渦とよばれる独特な雲のパターン画像に見られるように，秩序と偶然性をかねそなえています。

大統領による気候変動への警告

アメリカでは，1950年代後半からさらに10年ほどの間，冷戦が後押しするかたちで，海洋と大気の研究にかけられる政府の支出が大きく膨らんでいきました。その内訳は，冷戦によりもたらされたものがほとんどでした。1965年初頭にリンドン・B・ジョンソン大統領（1908～1973）は，地球温暖化の基本理論について科学者らの警告を受け，アメリカの指導者として初めてこの問題に重きをおくようになります。

さっそく，その年の2月8日に，大統領は「自然美の保護と復元における連邦議会への特別声明」を送ります。その中には，「化石燃料を燃やすことで二酸化炭素が着実に増えつづけている」という観測結果も加えてありました。

さらに，こうした汚染が環境に与える影響は，もはや限られた一地域だけでなく，次第に増加していくため，前向きな政策に変えていく必要があると警告しています。「実行するまでに時間がかかるほど，危険は増していき問題は深まります。大気と河川の大規模な汚染は，政治的な境界に関係なく，その影響は汚染を引きおこす人々をはるかに超えて広がります」。

ジョンソン大統領は，主に有害な大気汚染と水質汚染について言いたかっただけですが，大統領の前向きな提言は，後継者に引きつがれ温室効果ガスの排出を抑えるために国の内外の政策が築かれていくという，長くて困難な取り組みにつながる大きな前触れとなったのです。

「さらに，大気浄化法を改善して，保健・教育・福祉長官が，汚染が生じる前に潜在的な大気汚染問題を調査できるようにする必要があり，現在のように被害がおこるまで待つ必要はありません」。

その年のうちに書かれた，環境問題に関する大統領への科学報告書には，ロジャー・レヴェルを委員長とするウォレス・ブロッカーとチャールズ・キーリングらによる委員会が書いた気候変動に関する項目が，次のように補って追加されました。「二酸化炭素濃度が増えることで生じるおそれのある気候変化は，人間の立場からすれば有害になる場合がある」また，実行できる「意図的に気候変化を相殺させる」解決策を検討する必要性についても触れています。これは現在，気候工学（ジオエンジニアリング）や気候介入として知られています。

参照：地球温暖化が初めてニュースに（1988年），
気候外交ーリオサミットからパリ協定まで（2015年）

野の花が咲き乱れる野原を散策するリンドン・B・ジョンソン大統領とバード・ジョンソン夫人。
1968年，テキサス州ストーンウォール近くにて。

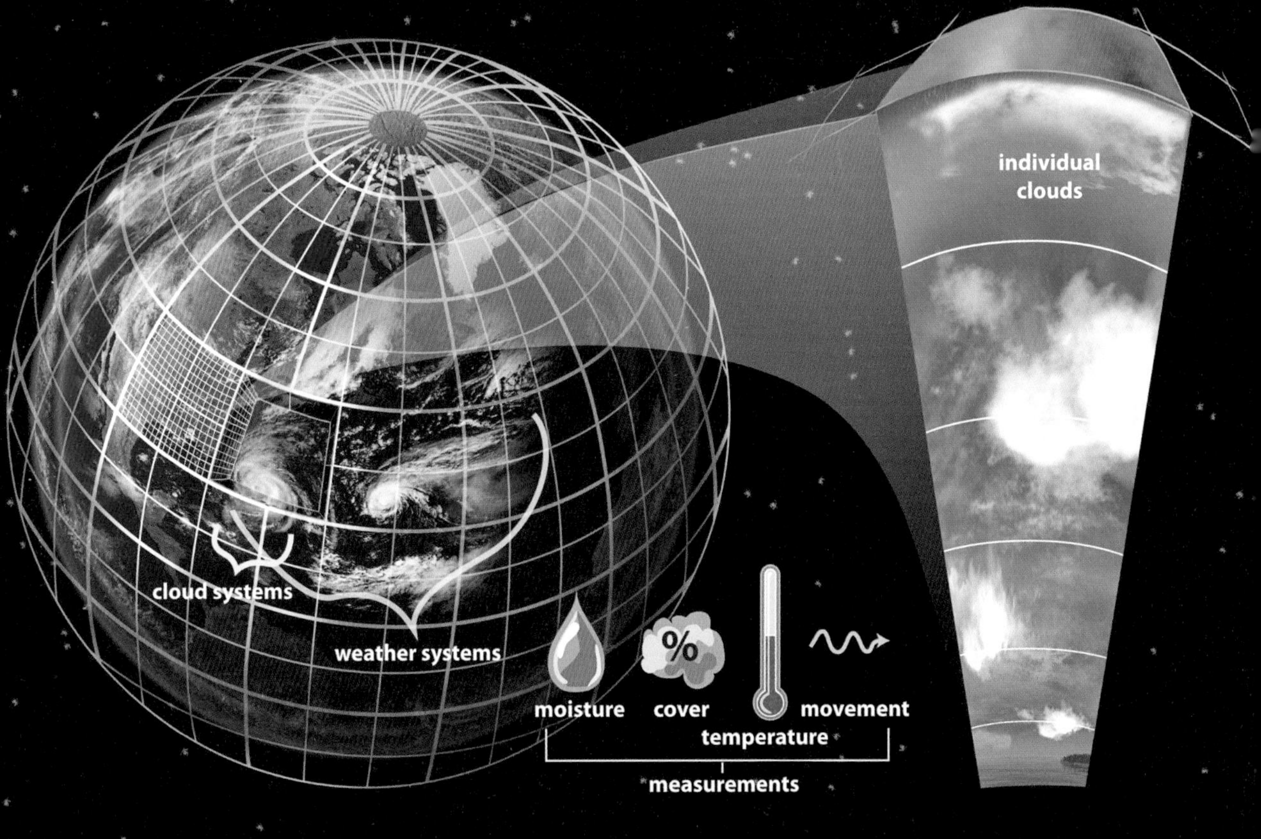
individual
clouds
cloud systems
weather systems
%
moisture
cover
temperature
movement
measurements

気候モデルの発展

気象学者は，1950年代からコンピューターによる天気予測の精度を向上させるとともに，長時間スケールで大気の循環をとらえ，気候を形成する海洋，雲，温室効果ガスといった要素の影響をあきらかにする一次元数値モデルの構築に取り組んできました。

1967年に大きな第一歩として，数値モデルにより温室効果ガスが蓄積することで温暖化がどのくらい進むのかを計算した，初の試みを説明した論文が発行されました。この一次元モデルはかなり簡単で，大気中の空気の柱をあらわすだけです。しかし，二酸化炭素濃度の上昇に対する気候感度の推定がおどろくほどによくできました。

「わたしたちの推定では，大気中のCO_2濃度を２倍にすると，大気（相対湿度は固定）の温度を約2℃上げる効果があります」と，論文の中でアメリカ海洋大気庁地球流体力学研究所の真《ま》鍋《なべ》淑《しゅく》郎《ろう》（1931～）と，リチャード・T・ウェザラルド（1936～2011）は発表しています。この数値は，それ以降に求められた多くの推定地（幅がありますが）の中間付近にあります。推定値に幅があるのは，温暖化による雲の応答などの不確実性をもたらす原因が残っているからです。

また，真鍋とウェザラルドは論文で，下層大気である対流圏が暖められたとしても，成層圏は冷えるだろうと初めて（正しく）結論づけました。観測データはこれを裏づけています。

さらに1975年の論文で，二人は計算を３次元モデルに拡大したことで，数十万行のプログラムコードからなる大循環モデルへの道を切り開き，世界最速のスーパーコンピューターにより，当時最高の解像度で動かしました。2015年にオンライン誌『Carbon Brief』は，気候変動に関する政府間パネル（IPCC）の地球温暖化に関するレポートの著者らを招待し，史上最も影響力のある気候変化に関するの論文のノミネートを行いました。真鍋とウェザラルドによる1967年の論文は，他の論文の２倍以上に当たる８票を集めました。

参照：リチャードソンの夢「天気予報工場」（1922年），
初めての数値天気予報（1950年）

初期の気候のコンピューターシミュレーションは，単一空気の柱をあらわしていました。現在，大循環モデルは，気候を形成する陸地，海洋，大気，海氷が相互作用する途方もなく複雑なプログラムです。

ストームチェイスによる科学調査

竜巻を特にねらったストームチェイス（嵐の追跡）は，映画，テレビのリアリティ番組シリーズ，YouTubeチャンネルのライブ配信などで世間に知れわたっていますが，それほどハイテクだったり注目を浴びる行為だったりしたわけではありませんでした。ストームチェイスの先駆けの一人，デビッド・ホードリー（1938～）は，1956年にノースダコタ州の故郷ビスマルクで激しい暴風に遭遇して以来，竜巻に取りつかれてしまったアマチュア気象家で，アメリカ陸軍中尉にして，連邦政府の予算アナリスト，写生画家，写真家でもあります。

政府の仕事をしていたホードリーはこの厳しい気象を記録することに没頭するあまり，竜巻が多く発生する季節に休暇を取るほどでした。その一方で，1964年に開設されたアメリカ海洋大気庁（NOAA）暴風雨研究所（オクラホマ州ノーマン）に開設当初から所属していた気象学者ニール・ウォード（1914～1972）は，雷雨や竜巻の発生について新しいアイデアを練るために，接近観測によって気象学の分野に科学的な厳密さをもたらします。1972年にオクラホマ大学と暴風雨研究所は，他の研究者らと協力して，大規模なストームチェイスに特化した研究，トルネードインターセプト計画をはじめます。

1973年5月24日に，巨大竜巻がオクラホマ州ユニオンシティで発生して被害がもたらされたときに集められたデータは，竜巻とマイクロバースト（強い下降気流）を発生させる，回転しながら上昇気流を伴うスーパーセル（超巨大積乱雲）の雷雨の研究基盤をつくりました。移動研究班は，研究室の新しい実験用ドップラーレーダーと連動して，竜巻が発生してから消失するまでの初の詳細データを提供しました。のちにレーダーの録画を調べたとき，科学者らは，漏斗状の竜巻が地上に下りる前に，空中で渦がまわっているのに気づきます。これは，竜巻によっては，こうしたレーダーで早期警報のサインが見つけられる可能性があるということを意味します。

このように活躍したドップラーレーダーも，今ではストームチェイスには当たり前のツールになり，ストームチェイサー（嵐を追いかける人）が撮った画像はテレビやインターネットではありふれたものになっています。しかし，リスクについては当たり前ということはありません。ストームチェイス史上最悪の日が2013年におこります。勢いよく広がる竜巻が方向を変えてさらに勢いを増したため，オクラホマ州で３人のストームチェイサーが犠牲になったのです。

参照：フランクリンによるつむじ風の追跡（1755年），
初の竜巻写真（1884年），
ハリケーンハンター（1943年）

アメリカ海洋大気庁（NOAA）暴風雨研究所の
ストームチェイスチーム。

危険を伴うダウンバーストの正体

シカゴ大学の竜巻研究者「テッド」藤田哲也（1920 ~ 1998）は，1971年に国立暴風雨予報センターのアレン・ピアソンと考案した藤田スケール（竜巻による被害状況から強さを評定する尺度）でとりわけ有名です。ただ，この藤田スケールは，竜巻がおこったあとの分析でのみ有益でした。災害対応チームと気象学者らが竜巻の去ったあとの被害状況から，強さを特徴づけようとしたからです。 藤田にとって，このフィールドワークと分析をつづける仕事は，公共の福祉に大きく貢献していくことでしたが，同僚たちから長い間この仕事は懐疑的な目で見られていました。やがて，藤田の研究は，嵐の中やまわりに見えずに潜んでいる大きな脅威をあきらかにします。その正体は，密度の高い空気の下降気流で，森を押しつぶすどころか，なによりも，航空機が離着陸するときに機体に危害をおよぼしかねません。

この命にかかわる気象現象の追跡は，藤田が調査官から呼び出されたときからはじまりました。1975年6月24日，ジョン・F・ケネディ国際空港で東部航空のボーイング 727が，着陸に失敗して大破したのです。当時，この地域には雷雨はあったものの，一体何が空から航空機をたたき落としたのか，これといった証拠もわからないまま乗客が112人死亡し，12人が負傷したのです。パイロットの中には，乱気流を報告した者がいましたが，それに気づかなかった者もいました。

藤田は，こうした観測のばらつきを目のあたりにし，前年の激しい竜巻被害で観測したばらつきを思い出しました。たとえば，中心から四方八方へ伸びる星形パターンといった密度の高い鉛直風（垂直方向の風）は，地上付近に吹き降ろしたのち，地面にぶつかって水平方向に広がることが，根こそぎ倒された木でわかりました。次の２年間は，空中測量を行い，トウモロコシ畑や森での竜巻被害のパターンを写真に撮ったり，スケッチをしたりしました。1978年までに，藤田は新しい現象を定義し，ダウンバーストと名づけ，広がりが４キロメートル未満の局地的なダウンバーストには，マイクロバーストという名を提案しました。

1978年5月19日，藤田とアメリカ国立大気研究センターの研究者らは，イリノイ州ヨークビル付近で，マイクロバーストのドップラーレーダーの鮮明な表示をとらえました。

参照：猛突風（1934年），竜巻の事前警報（1950年）

2016年7月18日にアリゾナ州フェニックスでヘリコプターから撮影された驚異的なマイクロバースト。

南極の氷床が脅かす海面の上昇

地球の気候は，20世紀後半になると，人間の活動によって生じる長寿命の温室効果ガス濃度の高まりに，すでに応答しているという証拠が増えてきました。そのため，極域（南極とグリーンランド）の氷床が溶けて海面が上昇しているという広く知られている想定は，緩やかとはいえ着実に進行しています。

たしかに，氷が不安定な状態になりうる兆候と，海面が急上昇する見込みは，とりわけ西南極の氷床にあらわれはじめています。西南極は凍った大陸の海底地形により，分厚い氷の下に暖められた海水が流入する地域なので，溶けやすくなった氷が海へと送り出されるからです。

1978年に『ネイチャー』誌が掲載した論文で，オハイオ州立大学の氷河学者ジョンH・マーサー（1922 ~ 1987）は，人間が引きおこした気候変動と，西南極にある氷床の急な大量消失の因果関係をはっきりとさせました。論文には明確なタイトルがつけられています。『West Antarctic ice sheet and CO_2 greenhouse effect : a threat of disaster』（西南極の氷床とCO_2の温室効果：災害の脅威）。

論文の要約も容赦ないものでした。「化石燃料が現在の割合のまま地球規模で消費され続ければ，大気中のCO_2濃度は約50年で2倍に膨れあがります。気候モデルは，温室効果の影響は高緯度地域で大きくなることを示唆しています。予測された気温上昇は……西南極における急速な退氷を促し，その結果として海面が5メートル上昇するでしょう」。

マーサーは，永らく異分子あつかいされていましたが，最近，支持されるようになりました。2014年には，独自の研究を２件発表し，西南極氷床の「崩壊」は今や避けられないと結論づけています。とはいえ，それは海面上昇を数年や数十年という規模ではなく，数世紀という規模での話です。また，南極氷床だけでも大崩壊すれば海面水位はさらに上がり，世界各国の沿岸部の大都市を水没の危険にさらす地球上で唯一のぼう大な質量をもっています。グリーンランドの氷床は，これにくらべはるかに規模は小さいものの，3キロメートルの高さの氷冠は，メキシコ湾に匹敵する水量を保っています。

参照：地球上で最も寒い場所（1983年），
氷と泥のコアの中の気候の手がかり（1993年），
北極海の海氷の後退（2016年）

2012年に撮られたスウェイツ氷河の一部。西南極氷床の一部から海に流れ込んだ氷の先端です。

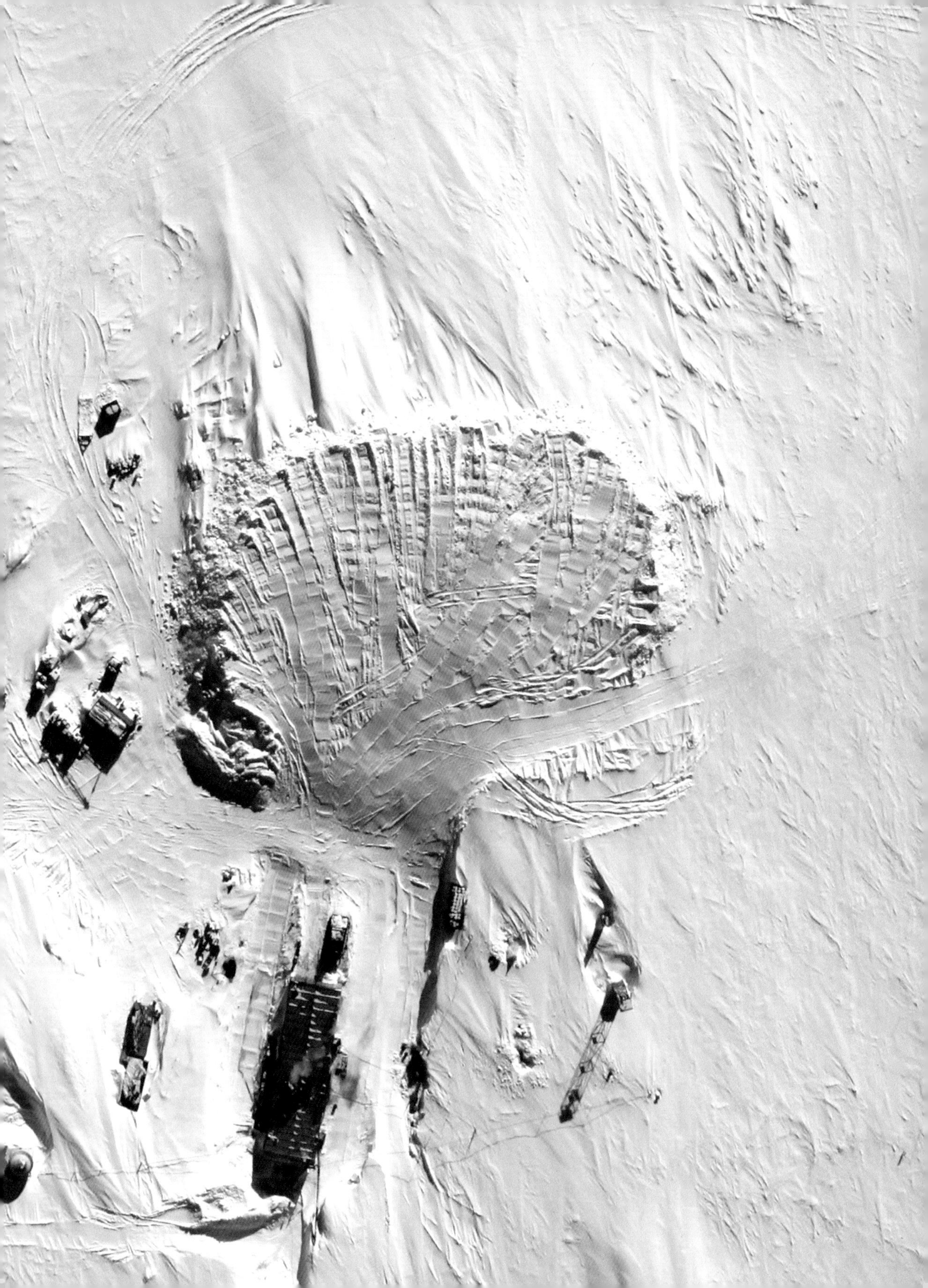

地球上で最も寒い場所

南極東部にあるロシアのボストーク基地の温度計が，1983年7月21日，マイナス89.2℃を観測しました。この記録は，温度計でこれまでに測られた最低気温として，ギネスブックの世界記録に認定されたほか，世界気象機関によって記録として定められています。標高3,488メートルの広大な内陸の氷床の上にあるこの場所は，非公式に寒極とよばれています。

寒極より寒冷な地域はまだあるかもしれません。2010年8月10日，コロラド州ボルダーにある国立雪氷データセンターの研究者は，南極大陸の東部高原（ドームA）で，マイナス93.2℃という計り知れないほどの極寒の気温を測定したと発表しました。研究者らは，遠隔探査衛星から送信されるデータをもとに，30年以上にわたり地球表面の温度マップを研究してきました。さらに，偶然，ドームA（アーガス）とドームふじ基地（日本の南極観測基地）の間の高い尾根で，最低気温を測定したのです（推測では，最も冷たい大気は，最も密度が高くて最も低地にあるはずです）。

これに対し，ロシアはマスコミを通じて，ロシア南極遠征ロジスティクスセンター長が，衛星データだけで最低気温として発表するのは「正確ではないうえ，現実にはありえない」と抗議しました。観測記録を破るためには，国際的な気象の規則にしたがって，温度計で測定する必要があるのです。

地球上で観測史上最も暑い地域といったように，人が住んでいる場所でこそ記録に注目する価値があります。NASAによれば，地球上で常に人が住んでいる場所で最も寒冷な地域は，シベリア北東部であり，1892年にベルホヤンスクの町で，1933年にはオイミャコンの町で，マイナス67.8℃を記録しました。

参照：熱い（世界一熱い気温）議論の決着（2012年），極渦（2014年）

温度計で測定された最低気温は，1983年，南極点から1,287キロメートルのロシアのボストーク観測基地で記録されました。

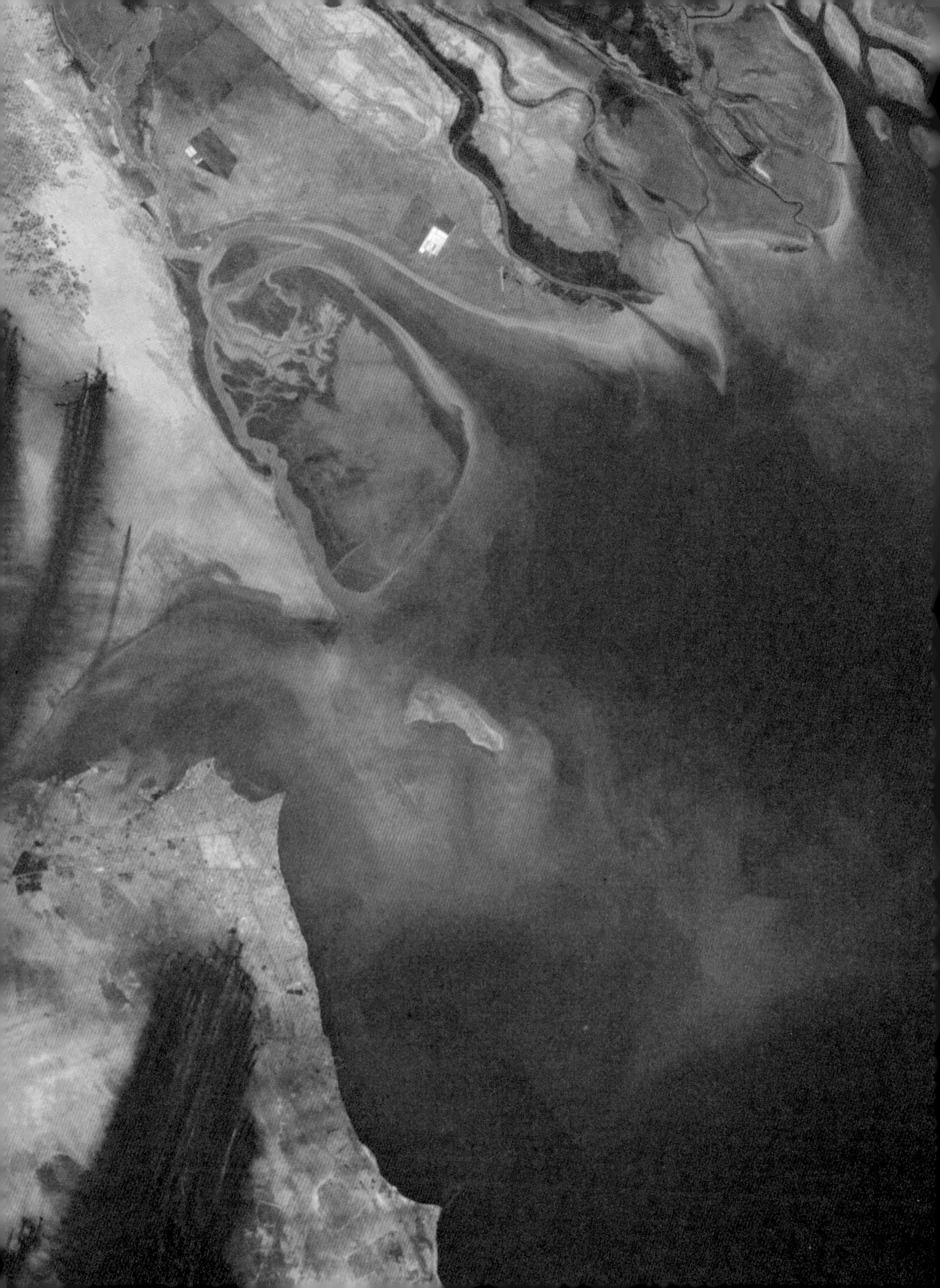

核の冬

冷戦が1980年代初頭に最悪の事態をむかえると，環境への危機感がつのったことで，気候科学は急激に発展します。これにより，新たなタイプの環境の脅威，つまり，核兵器の攻防戦後の大火災が引きがねとなっておこる潜在的な「核の冬」について，大きな警鐘が鳴らされました。

シナリオでは，濃く広がる煙雲が核戦争で焼かれた都市から昇って太陽をさえぎり，地球を冷やして飢饉を引き起こし，事態をますます悪化させていきます。こうした考えは，二人の大気科学者パウル・J・クルッツェン（1933 ~）とジョン・W・バークス（1946 ~）による1982年の分析「The Atomosphere After a Nuclear War：Twilight at Noon」からはじまる，一連の初期の論文とともに進化してきました。クルッツェンは，1970年代初期に，地球を保護するオゾン層が壊れやすくなる化学反応を特定した研究で注目されはじめ，1995年にノーベル化学賞を受賞しています。

しかも，「核の冬」の仮説は，カール・セーガン（1934 ~ 1996）が，1983年12月23日発行の科学論文「Nuclear Winter：Global Consequences of Multiple Nuclear Explosions」の著者5人に名を連ねたことで，一段と世間に知られるようになります。セーガンは，『Parade』誌の特集やテレビ出演を利用して多くの人に核の脅威を警告しています。また，旧ソビエト連邦のウラジミール・アレクサンドロフ（1938 ~ 1985）とともに，バチカンなどを歴訪し，核兵器の禁止を求めました。

その後，別の著名な気候科学者スティーブン・H・シュナイダー（1945 ~ 2010）が，さらに科学的精査を進めるようになると，むしろ「核の秋」による食糧難で自国民も犠牲になると説いたため，セーガンらの最初のシナリオは微妙にそぐわなくなっていきます。その後，旧ソビエト連邦の崩壊により，核戦争の脅威は鎮まりました。

それでも，カール・セーガンらと1983年に論文を発表したアラン・ロボック（1949 ~とオーウェン・ブライアン・トーン（1947 ~）は，地域的な核攻撃だとしても，10年にわたる壊滅的な気候崩壊がおこると想定しています。なぜでしょうか？　核爆発で生じた噴煙（キノコ雲）は，高い40キロメートルまで上がる可能性があるため，放射性物質は雨などで簡単に洗い流されないからです。

参照：ロシアの「冬将軍」（1941年），
気候を操る？（2006年）

1980年代初頭，科学者たちは，核戦争で点火された数百のミサイルによる薄暗い日光をさえぎる煙雲が，「核の冬」をもたらして，地球を冷やす可能性があると予測しました。1991年にサダム・フセインがクウェートの油井に点火したときには，黒雲が広がって一部冷却された場所が測定されたものの，煙雲は広範に影響をおよぼすほど高く上がっていませんでした。

FLOODED

エルニーニョ現象の予測

エルニーニョ・南方振動は，良くも悪くも地球上で最も広範囲に影響がおよぶ周期的な気候の変動です。この現象は，太平洋の海水温を不規則に変化させるため，大西洋のハリケーンが抑えられることがあれば，インドネシアの山火事が引き起こされることもあります。ほかにも，干ばつと豪雨パターンが入れ替わったり，サンゴの白化現象などが引きおこされたりします。

エルニーニョはスペイン語であり，ペルーの地理学者によれば，1800年代後半に海岸沿いの地元の漁民が，クリスマス頃にあらわれてカタクチイワシ漁が不漁になる暖流を「エルニーニョの反流」とよんでいたことに由来します(男の子という意味ですが，クリスマスにちなんで「幼子イエス・キリスト」とよびます)。当時，エルニーニョの影響力を見きわめようと，科学者たちが何十年もかけて，この地球規模に広がる海流の循環を解明し，ようやく予測モデルをつくりあげることができました。初めて解読された気象要素は，太平洋とインド洋上でシーソーのように周期的に繰りかえされる大気圧の変動でした。このパターンは，1923年に数学者ギルバート・ウォーカー（1868 ~ 1958）により，全球気象データの統計研究であきらかにされたものです。ウォーカーはインドに拠点をおき，南アジアでの生活に欠かせない雨季が来ない年が生じる現象を解明できる大気パターンを見つけようとしていました。

1969年に，カリフォルニア大学ロサンゼルス校のヤコブ・ビヤークネス（1897 ~ 1975）は，大気の循環を熱帯太平洋の温暖傾向と寒冷傾向に結びつけました。さらに，プリンストン大学のジョージ・フィランダー（1942 ~）とコロンビア大学のマーク・ケイン（1944 ~）ら二人の科学者は，赤道貿易風と海流が作用しあって，海水温を自発的にあげるメカニズムを発見するとともに1985年にフィランダーは，エルニーニョの逆向きの対となる現象に，スペイン語で「女の子」という意味の「ラニーニャ」と名づけました。

その年にケインと学生のステファン・ゼビアックは，大気データと海洋データを一体のものとしてあつかう大気海洋結合モデルを開発します。翌1986年6月に発行された論文で，二人はエルニーニョ現象の発生をうまく予測してみせました。それから，次々と予測モデルが開発されていきます。現象の発生周期について，専門家でもまだ見誤ることはあるものの，予測のおかげで，社会には破壊的な災害に備える余裕ができつつあります。

参照：気象を形成する海洋の役割を追跡（2007年），
温暖化の影響を受けるサンゴ礁（2017年）

1997年と1998年に発生した熱帯太平洋で最大規模のエルニーニョ現象は，1998年3月に，カリフォルニア州のロシア川沿いの洪水を引きおこすなど，広範囲に影響をおよぼしました。

地球温暖化が初めてニュースに

スウェーデンのスヴァンテ・アレニウスと，彼の後継者らの調査結果であきらかになった，化石燃料を燃やすことで排出される二酸化炭素が地球の温暖化を進める可能性があるという基本的な仮説は，19世紀後半以降，ニュース報道で少しずつ取りあげられるようになりました。当初，『Popular Mechanics』誌に掲載されたのち，はるばるオーストラリアの新聞でもとりあげられた1912年の記事には，この基本的な仮説が短くまとめられています。

世界中の暖房により，現在，年間およそ20億トンの石炭が消費されている。石炭が燃焼して酸素と結合すると，毎年およそ70億トンの二酸化炭素が大気の中に入る。これは，地球をおおう大気の毛布のような効果を強めるため，地球は暖められ温度が上昇する傾向がある。この暖める効果は，数世紀もするとかなりのものになる恐れがあるとされる。

当然ながら，CO_2排出のペースは，当初の予想をはるかに上回っています。石炭の需要が急に高まったことと，人口増や，輸送・工業生産・電力使用などの拡大をきっかけとする石油と天然ガスの利用が増えたことと足並みを合わせるように，ペースも上がっていったからです。とりわけ1950年代後半からは，科学によって，気候への人間の悪影響が増えていく基本的な構図が修正されつづけてきました。

1988年には，森林破壊，酸性雨，特定の合成化学物質によるオゾン層の破壊などへの世界的な関心を踏まえ，地球温暖化は，一般受けしないような小難しい記事からトップページに躍り出てきました。その年の6月23日，NASAの気候科学者ジェイムズ・ハンセン（1941～）は，人間がもたらした温室効果ガスが，すでに観測できるぐらい気候を暖めていると，米国上院委員会で証言しています。

ハンセンは同僚たちより一歩先に出た感がありましたが，北アメリカの記録的な熱波やイエローストーン国立公園での山火事の記録など，人為的な記録ばかりか，その証言には自然からの温暖化を招く手がかりも多く残りました。

その年の夏，科学者と外交官はカナダに集まり「変化する地球大気に関するトロント会議」を開催し，温室効果ガス排出の世界的な削減を勧告しました。同じく1988年には，国連が気候変動に関する政府間パネル（IPCC）を設立し，気候変動のリスクと対応策について世界各国に助言していくようになります。

参照：石炭，二酸化炭素，そして気候（1896年），
大統領による気候変動への警告（1965年），
気候外交―リオサミットからパリ協定まで（2015年）

地球温暖化が初めて大きなニュースになったのは1988年です。アマゾンの熱帯雨林からイエローストーン国立公園にかけての記録的な暑さと，この写真に見られるような火事とあわせて取りあげられました。

発光現象「スプライト（妖精）」の立証

アメリカ空軍パイロット，ロナルド・ウィリアムズは，1973年，南シナ海の台風の上を飛んでいました。雷雨を避けながら巨大嵐の中心近くにさしかかると，稲妻のような光が雷雲のてっぺんからまっすぐ上がるのが見えました。この目撃情報を報告すると，稲妻なら何かに放電しないと上がるわけがないと言われてしまいます。20世紀に入った頃から，この手の現象は，高空飛行をする軍や民間のパイロットらにより頻繁に報告されるようになります。

それでも1989年まで，しっかりした物的証拠が目撃されるチャンスは巡ってきませんでした。この年，ミネソタ大学の物理学者ジョン・ウィンクラー（1916 ~ 2001）は，少人数のチームで高感度ビデオカメラを試験していると，偶然，上向きの稲妻の白黒画像を撮影します。これを「スプライト（妖精）」と名づけたのは，アラスカ大学地球物理学研究所のチームリーダー，デイビス・セントマン（1945 ~ 2011）でした。セントマンらは，NASAの高空飛行観測機２機から，中西部に発生した雷雨をビデオに撮っていました。

稲妻は，マイナスに電荷を帯びた熱放電現象です。スプライトは，プラスの電荷を帯びた蛍光灯の発する光とよく似ていて，その電荷は平均的な稲妻に比べて10倍も強力です。このため，スプライトの発する電気エネルギーは，世界中のあちこちで，観察できるほどはっきりと輝くのです。

科学者は，スプライトを次の３つのタイプにわけました。クラゲ・スプライト：クラゲのように見え，直径50キロメートルほど。カラム・スプライト：柱のように見え，スケールの大きい放電を伴う。キャロット・スプライト：人参のように見え，垂直の赤い柱に，巻きひげのような放電を伴う。

最もドラマチックで精度の高い写真は，国際宇宙ステーションの宇宙飛行士が撮影したもので，スプライトは，地表から97キロメートル上空に広がる電離層にまで上がることを示しています。

参照：虹の解読（1637年），世界一の稲妻地帯（2016年）

スプライトとよばれる定義しにくい放電現象を，2013年にアラスカ大学フェアバンクス大学の研究者が，高空飛行観測ジェット機から撮影しました。

氷と泥のコアの中の気候の手がかり

海底の泥と氷河の氷から取り出された試料の入ったシリンダーから，氷河時代に氷期と間氷期が交互に訪れていたことを裏づける決定的な証拠が，20世紀に発見されました。層になった海底堆積物に見られる大きな手がかりの一つに，さまざまな温度を反映する微量酸素同位体の変化があげられます。1976年に行われた三人の科学者による45万年前の海底の泥の画期的な解析は，「地球の軌道の変化：氷河時代のペースメーカー」とタイトルがつけられ，50年前のミルティン・ミランコビッチの発見を立証しました。

グリーンランドと南極大陸の氷床から取り出された氷床コア（柱状の氷の試料）は，計り知れないほど貴重な掘り出し物で，コアに含まれる古代の空気の泡から，温室効果ガスである二酸化炭素とメタンの過去の濃度がわかるほか，火山灰，森林火災による煤，それに過去の環境変化を表す別の事実などもわかります。

中でも1993年には，とりわけ重大な発見がありました。氷床コアの気泡を解析した科学者が，海洋循環の変化を引きがねとするような，急激でとてつもなく大きな気候変動がおこった証拠を発表したのです。グリーンランドの研究活動のリーダー，リチャード・B・アリー（1957～）は，次のようにこの現象の本質をとらえています。

> 温暖化と寒冷化により，海洋の循環の向きと，冬季の北大西洋で氷のない海面になるか，氷点下の海氷になるかの閾《しきい》値《ち》（境目となる値）が変わるを超えることがある。気候は，数十年どころか，数年周期で温暖化と寒冷化が突然に入れ替わり，そのたびに地球全体に影響がおよぶようなこともある。近い将来，温暖化が進んだとしても，グリーンランドの氷床は，そう急激に解けるようなことはないと確信している。が，気候の歴史を見れば，次のようなことは疑いようもない。CO_2が増えることで，気候と生物に大きな影響がおよぶどころか，将来，温暖化が進む間にも，もっと大規模で破壊的な現象がおこりうる。

危機管理の専門家は実情をあまり理解していない人たちに，温暖化ガスの排出を抑える努力を納得させるため，気候が変化している証拠を示しています。

参照：地球の軌道と氷期（1912年），気候モデルの発展（1967年）

気候の手がかりが保持されている古代の氷床コアが入った何百ものシリンダー。
これらはコロラド州レイクウッドにある国立氷床コア研究所に保管されています。

気象災害における人為的要因

大西洋における記録破りのハリケーンシーズンが過ぎ去ったあと，2005年，ニューオーリンズで発生したカトリーナが壊滅的な大打撃をもたらしました。このカトリーナが気候科学者たちの間で議論の中心となり，地球温暖化がこのような嵐にどれくらいの規模と速さで影響を及ぼしたのか議論が高まりました。ハリケーンは環境政治学を象徴する現象の一つにもなっていきます。

人々を紛争に向かわせるのは，気力を失わせるひどい現実があるからです。沿岸の地域社会は，計画性も乏しいまま急速に成長させられるため不安定で，温暖化があってもなくても，暴風の脅威は増すばかりでした。2006年7月25日，暴風を大型化させる温暖化の影響について，さまざまな見解をもつハリケーン研究の主導者らが，メディアと大衆に向けて共同声明を発表しました。ケリー・エマニュエルをはじめとする10名の科学者が署名した声明は，次の点を強調しています。

この問題に関する議論は，かなり科学的で社会的な利益と関心を集めているものの，アメリカが直面しているおもなハリケーン問題を，いかなる場合でも減じるべきではない。つまり，脆弱な沿岸地域の増えつづける人口と富の集中といった人口動向は，とりわけ人間活動が高まった時代においては，ハリケーン災害によって，急速に増え続ける人命と経済の損失が同時におきている。多くの科学者や技術者が，気候変化が真剣に考えられるずっと前から，ニューオーリンズへの脅威については警告しており，安定した気候だったとして，カトリーナのような暴風雨やもっとひどい自然災害など，とうてい避けられなかった（そして，避けられない）。政府や業界のリーダーに，日常的な仕事，保険，土地利用，災害救援政策の包括的な評価を実施するよう要求した。これらは，現在，ハリケーンへの脆弱性がますます高まっていることを裏づけるものである。

この基本的なメッセージは，特に山火事，竜巻，内水氾濫がおこりやすい地域にこそ参考になります。2017年8月のハリケーン「ハービー」による記録的な降雨のあとのヒューストンと近隣地域の氾濫は，先の呼びかけを復活させました。

参照：強大な嵐（1900年），「中国の悲しみ」（1931年），ハリケーンハンター（1943年）

2006年に10人のハリケーン研究の主導者たちは，急速な沿岸の開発がこうした嵐によるリスクを大きく引きあげていると警告しました。アメリカ国家警備隊ヘリコプターからのこの光景は，2012年にハリケーン「サンディ」がニュージャージーの町を襲ったあとの惨状を示しています

気候を操る？

気候を改変するために何世代にもわたった取り組みは，実際に使われるというより，パフォーマンスのようだったため，20世紀も半ば以降になると，気候システムに直接影響を与える方法を検討する科学者が出てきました。2015年の全米科学アカデミーによる報告書では,このような取り組みを説明するために,気候介入という用語を選びました。

気候介入により，温暖化を弱めるさまざまな手法が提案されたため，議論もわきおこりました。歴史家のジェームズ・ロジャー・フレミングが列記したように，ハリー・ウェクスラー（1911 ~ 1962）は，早くも1962年に次のように警告しています。「このような計画は，進化していくにつれ，工学の壮大な業績が必要とされるが，本来備わっている取り返しのつかない害をもたらすリスクや，短期的な利益を相殺しかねない副作用もある」。

2006年に『Climatic Change』誌が，パウル・J・クルッツェンによる研究を裏づける評論を発表したことで，この分野に注目が集まりました。彼は，地球のオゾン層保護への化学的脅威を特定した研究で，マリオ・J・モリナとF・シャーウッド・ローランドらと1995年にノーベル賞を受賞しています。そこで，温室効果ガス排出量の削減を求めるのは「実現しそうにない願望」にすぎないと嘆き，代わりに気候を冷やす手法に関する研究を立ちあげることを提案しました。

望ましくない温暖化を避けるために行ってきた調査には，主に二つの方法がありました。一つは太陽放射管理とよばれるもので，大気中に明るい粒子を混入することで地球のアルベド（反射能）を変え，大火山や大気汚染物質などから排出される高高度プルーム（汚染物質）が日光を遮るように，入ってくる日光を減らすという考えです。

もう一つの取り組みは，大気や煙突から排出される二酸化炭素を捕獲してを地下に埋めるか，CO_2分子を分解してできた炭素を安定した物質に固定することに焦点を当てています。また，海に鉄塵をまいてプランクトンを増殖させ，結果として炭素を海底に堆積させるという別のアプローチもあります。技術的なものから倫理的なものや，外交に関わるものまで，さまざまな問題があります。しかし,最大の問題は,恐らく排出量が多すぎること，年間CO_2が数百億トンも排出されることなのです。

参照：レインメイカー（1946年），
大統領による気候変動への警告（1965年），
氷期が終わる？（10万2018年）

科学者の中には，試験テスト方法を提案して，日光をさえぎる煙霧を生成し，大気中の温室効果ガスの蓄積による地球温暖化に対抗している者もいます。写真に写っているのはドイツの飛行機雲です。

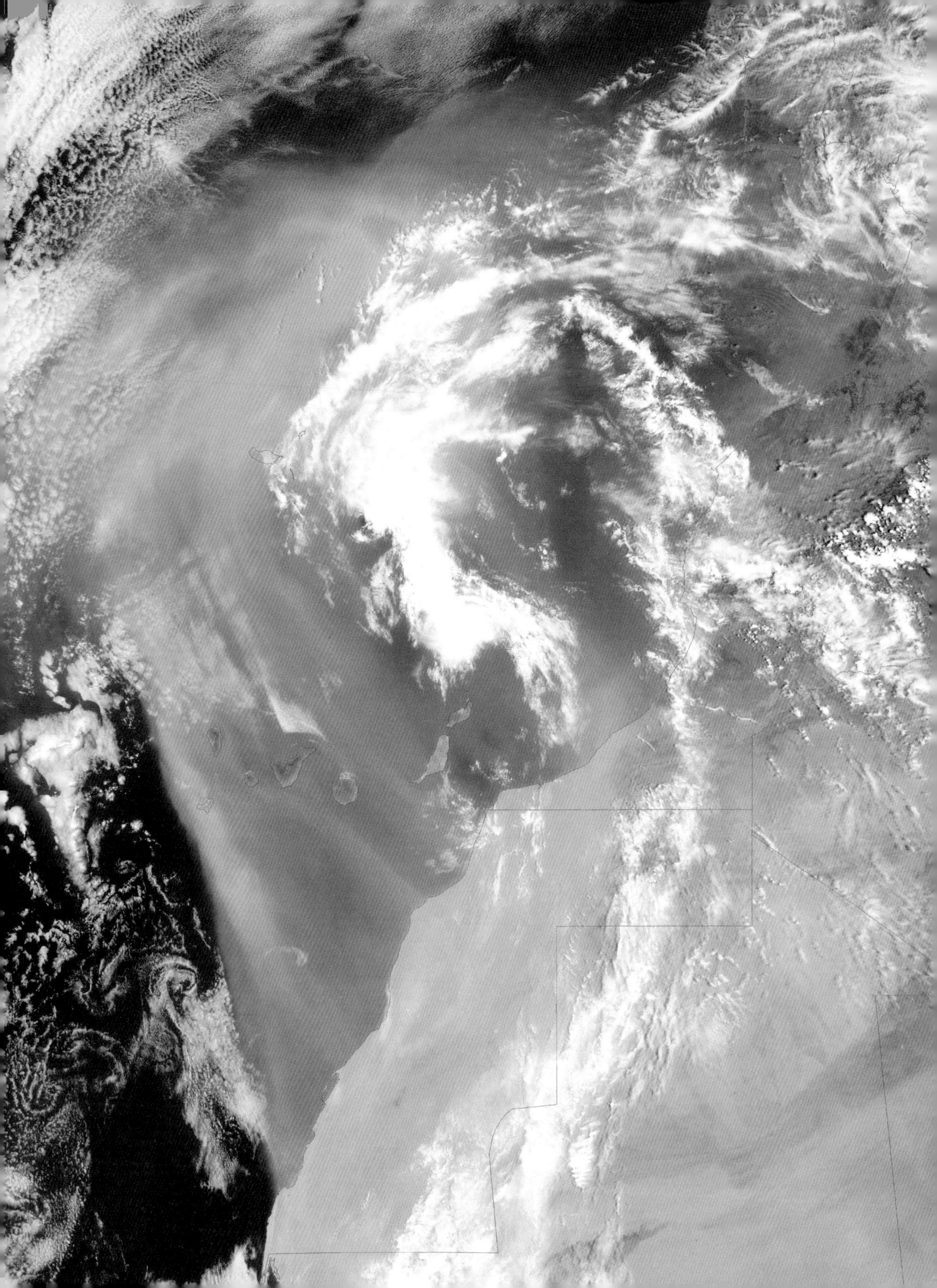

大西洋を越える砂塵

恐らくサハラ砂漠の砂嵐ほど，地球のダイナミックな大気や景観と，生態系の間の強力な相互関係を示す好例はないでしょう。サハラ砂漠の砂嵐は大西洋を横切り，ハリケーンをはじめ，ブラジルの森林やバハマのビーチにまで影響を及ぼすのです。

2000年代初頭に行われたさまざまな研究により，乾燥した，砂ぼこりの多いサハラ砂漠の大気層にはハリケーンを抑える力があり，いかなる季節においても，ハリケーンの前兆を決定づける要因のひとつに加えられることがあきらかになりました(別の例として，太平洋エルニーニョの暑さは，大気循環を変えることで大西洋ハリケーンを鈍らせるということがあります)。

同じころ，気象衛星による観測と熱帯雨林の生態学を組み合わせた研究も行われ，サハラ砂漠から吹きこむ栄養豊富な砂塵《さじん》が，アマゾンの熱帯雨林を肥沃にする役目を果たしていることがあきらかになります。2006年には，イスラエルのワイツマン科学研究所の科学者らによる特筆される研究で，北アフリカから毎年4,000万トンの砂塵がアマゾンに降りそそぎ，その半量以上がチャド北部のボデレ低地から吹きこんでいると推定されました。ボデレ低地は，かつては干あがった湖底であり，自然の風洞（実験のために人工的に風を発生させる装置）ができる細長い玄武岩に囲まれた地形をしているのです。

しかし，北アフリカからの砂塵は，さらに北上すると，まるで異なる影響を及ぼします。

2014年，マイアミ大学の研究者らは，バハマ（諸島）のサンゴ礁の浅堆《せんたい》（バンク）から採取した270個のコアの鉄とマンガンの濃度を研究し，光合成シアノバクテリアを大量発生させるサハラ砂漠の粉塵が，今日これらの島々が存在する基盤をつくる媒体となっていると結論づけました。

2016年には，バハマのコアを調査している別の研究者が，この肥沃な砂塵の流れは過去に大きく変化していたことを発見します。2万3,000年前の最終氷期の後半には，バハマ周辺に降りそそいでいた砂塵の量は今日の２倍ほどありましたが，1万1,000年から5,000年前までは，今日の半分の量しか吹きこんでいませんでした。

参照：北アフリカの乾燥とファラオの台頭（紀元前5,300年），ダストボウル（1935年），エルニーニョ現象の予測（1986年）

2012年，大西洋の西に広がるサハラ砂漠の砂塵。砂塵の吹き出しは，アマゾンの熱帯雨林ぐらいまで離れた地域に影響を与えます。

PRO

気候を形成する海洋の役割を追跡

地表の３分の２をおおっている海洋は，地球全体の規模においても地域レベルの規模においても，気候を形成する役割を担っており，湿度，雲，降水パターンを決める蒸発の90％を担っています。それだけでなく，大量の太陽エネルギーを貯蔵して循環させる役割も担っています。

しかし，こうした大きな役割があるにもかかわらず，つい最近まで海洋データは集められてきませんでした。20世紀を通して，数千もの気象観測所が地球規模で広がるとともに統合され，さらに相ついで観測衛星が打ちあげられるようになると，気象と気候への理解が一段と深まっていきましたが，それでもなお，重要な海洋の変化は，船舶，係留ブイ，潜水艦などからの一貫性のない大量のデータをふるいにかけて推測せざるをえなかったのです。

1999年，そのすべてが変わるときがやってきました。科学者たちが，多数の国々を説得してアルゴ計画（Argo：海中の水温，塩分，海流を追跡するための国際共有システム）に加わってもらい，集められた貴重なデータをもとに，地球温暖化モデルからエルニーニョやハリケーン予測にいたるまで，すべての精度を向上させる取り組みに乗りだしたのです。

2007年11月，アルゴ計画の運用が本格的にはじまりました。これは，世界中の海洋に広がる約4,000台のアルゴフロート（自動観測機器）からなる海洋観測ネットワークで，アルゴフロートは，海面から805キロメートルを超える深さを浮き沈みしたあと10日ごとに1.9キロメートルの深さまで下降してから，海面に浮上し，水温や塩分プロファイルの測定を集めて衛星経由で観測データを送ります。

毎年，何百本もの研究論文がアルゴの観測データを活用して発表されています。2017年にはアルゴのシステムによって，地球温暖化が2000年代初期に予想に反して止まらなかったことが，いくつかの証拠とともにあきらかにされました。それまでしばらくは，地球温暖化政策についての政治的な議論は，温暖化は一時的に止まっているか，あるいは止まったのかという考えに終始していました。しかし，今やアルゴ計画によって，地球が長い時間をかけて温暖化へ進んだことで，気温が変化しつづけてきたことが証明されたと広くとらえられています。

詳しくは，スクリップス海洋研究所が管理するアルゴのウェブサイトhttp://www.argo.ucsd.edu/を参照ください。この研究所では，アルゴシステムを支える技術の多くが開発されました。

参照：最初の気象観測気球の飛行（1783年），日常に役立つ気象学へ（1870年），軌道からの気象観測（1960年）

沿岸域観測用フロート。世界中の海洋に数千台分布する観測機器の一つで，アルゴシステムの観測状況を追跡しています。

THERE IS NO PLANET B
NATURE DOESN'T COMPROMISE
PLANET NOT PROFIT
BLA BLA BLA... ACT NOW!
tck tck tck
CHANGE THE POLITICS NOT THE CLIMATE
CLIMATE JUSTICE NOW

気候問題に対する科学的調査

温室効果ガスを制限する取り組みは，21世紀の初頭に世界中で強まってきました。アメリカでは，温室効果ガスの問題をめぐって激しい対立が生じましたが，調査により，ほとんどの国民がある時期，同時に関心を失ったことが判明しました。これに注目した心理学者と社会科学者は，その原因の調査に乗り出します。気候が徐々に変化する性質は，気候システムの自然変動にまぎれているため，いまだに不明瞭です。それゆえ，この問題は人間の特性に合わず，行動科学者の言う「測定可能な不安」，たとえば請求書，子どものこと，健康不安といったことに対するほど，関心を払われないからです。

2012年，イェール大学の法律，心理学の教授ダン・カハンによるめざましい研究結果が『ネイチャー クライメート チェンジ』誌に発表されました。それは，カハン教授が文化的認知と呼ぶ証拠のパターンで，人は帰属する文化のアイデンティティと衝突するような事実を受け入れるより，文化的なつながりを守る方が理にかなっているとする考え方です。この研究とそれに続く研究では，人々がどの程度科学の基礎的な知識を持っているかをあきらかにするような，質問を組み合わせた実験が行われました。この実験の目的は，その人の世界観，本質的には，集団を好むか，一人を好むかということを測ることです。この研究によって，気候科学の基礎を一番よくわかっている人は，気候変化に最も関心を持っている人々と，最も無関心な人々の両方にいることが判明しました。

その年のうちに，『ネイチャー』誌で発表された解説記事で，カハンは次のような例をあげています。「価値観の異なる人々は，同じ証拠から，異なる結論を出します。たとえば，米国科学アカデミー博士号をもつ科学者が提示したとしても，その見解がグループのもつ文化的な見方と一致しなければ，正真正銘の『専門家』と見なされないでしょう」。

カハンによれば，こうした冷徹な調査結果は，これで終わりではありません。カハンは，フロリダ州南東部の暑くて洪水の発生しやすい地域で，政治的に分断された地元の住民らとともに，ある発見をしました。それは，異常気象に対するレジリエンス（しなやかに適応して生き延びる力）を高め，かつ複数のイデオロギーを満足させられる，公害のないエネルギー源を開発する政策を推進する方法です。

参照：地球温暖化が初めてニュースに（1988年），
気候外交―リオサミットからパリ協定まで（2015年）

2009年のコペンハーゲンでの第15回気候変動枠組条約締約国会議で，プラカードを掲げて抗議する人たち。行動科学者は，集まった人たちの政治意識は強いものの価値観が異なるために，気候科学については詳しくても，気候変動のリスクについては正反対の見解をもっていることを発見しました。

熱い（世界一熱い気温）議論の決着

クリストファー・バート（『Extreme Weather：A Guide and Record Book』の著者）は，2010年の初め，彼が記載した世界最高気温の記録に疑問を投げかける挑発的なEメールを受け取りました。バートが記載した世界最高気温は，1922年9月13日にアジージーヤ市外のイタリアの砦（現在はリビアの交易所）で測定された58℃でした。

アジージーヤの記録は，1913年7月10日にカリフォルニア州デスバレー国立公園のグリーンランドランチで測定された56.7℃より高いと思われていました。ところが，Eメールの送り主である気温測定の権威マクシミリアーノ・エレーラは，アジージーヤの記録を「ごみ同然」とよんだのです。

これに対抗するため，バートはリビア国立気象センターの気候部門のセンター長ハリド・イブラヒム・エル・ファドリに連絡を取りました。バートは著書のインタビューで，そのときのやり取りをこのように回想しています。「彼にたずねたんです。『これはあなたの国の，あなたたちによるデータです。信じますか？』と。答えははっきりと『ノー』でした」。

エル・ファドリは，元の記録を見つけようとしました。一方，バートはその年の秋，記録に挑戦するウェブサイト「Weather Underground」に投稿しています。さらに世界気象機関（WMO）も動き出し，エル・ファドリやバートをはじめ，専門家からなる委員会を招集しました。やがて，エル・ファドリが発見した業務日誌から，多くの問題が判明します。読み間違いやすい代用温度計を使っていたこと，同じ地域の別の場所で記録された気温と比べ，測定値が急上昇しており，さらに測定される直前，観測地で人事異動があったことなどです。

2012年9月世界気象機関は，世界最高測定気温の記録を，1913年のデスバレーの測定値に変更しました。しかし，この物語は終わりません。バートら専門家は，変更は確実に無効だと言っています。バートによると，一貫した測定にこそ価値があるということです。

北アフリカと中東における最近の研究からはっきりしていることは，温室効果による温暖化がつづけば，現在は記録的な暑さとされる温度でも，今世紀後半には，それが当たり前になるということです。

参照：乾燥地の発見（1903年），
地球上で最も寒い場所（1983年）

デスバレー国立公園のダンテズビュー（カリフォルニア）。2012年，最高気温の世界記録は，WMOにより，1922年の北アフリカの測定から1913年のデスバレーでの測定記録に変更されました。

極渦

アメリカ各地に設けられた50か所の気象観測所で，2014年1月7日火曜日，例年にない記録的な寒さが観測されました。北はモンタナ州からニューヨーク州，南はオクラホマ州やアラバマ州にいたるまで，ほぼ全土が氷点下の気温を記録。アメリカ中西部に命を脅かす冷たい風が横切り，氷点下40℃を体感させました。ニュースキャスターは，北極周辺を反時計回りに循環する高高度の西風に囲まれた極渦《きょくうず》が弱まったため，寒気が南下してきたと興奮気味に伝え，天気図を指し，ジェット気流の強いうねりと，氷点下の空気が膨らむ青いゾーンを示しました。

それ以来，こうした寒気の流れは周期的にあらわれるようになります。ほぼ毎回決まったように発生する北極圏の寒気は，ヨーロッパや北アメリカ全土に南下し，ほとんどが北極圏への急な暖気の流れを伴います。ですが，この極渦は今にはじまったことではありません。人気ウェブサイト「Weather Underground」を開設した気象学者の一人ジェフ・マスターズは，記録的な寒気の訪れが，恐ろしいトップニュースとして拡散されることを抑えるため，このように説明しました。「極渦という気象現象は，地球上に気象（大気中の自然現象）が生じた頃から存在していると思われます」。

また，マスターズは極渦という言葉は，少なくとも1939年のカール＝グスタフ・ロスビー（1898 ~ 1957）による研究以来，科学論文に見られると言及しています。ロスビーは，大気中の大規模な循環パターンについて従来の解釈を変えた，スウェーデン生まれの先駆的な気象学者です。

最近の研究では，このような寒気の発生と，冬の極端な嵐のパターンでさえも，近年，北極海の海氷が減少していることに影響されている可能性があり，人間が引き起こした気候変化と無縁ではないことを示唆しています。

ところが，北半球の気候パターンと気候変化との関連を調査する大半の科学者は，北極圏と周辺の気候を形成する因果関係が異常気象をもたらすと考えたとしても，結論を出すのは早すぎると言っています。観測衛星とその他のセンサーを使って正確に測定できる期間は，数十年と限られているからです。

参照：グレートホワイトハリケーン（1888年），
ブルーノーザー，寒冷な北風（1911年），
地球上で最も寒い場所（1983年）

2016年2月14日，米国北東部をおおう強力な寒冷前線。
この写真は国際宇宙ステーションから撮影されました。

100% FUTURE

気候外交—リオサミットからパリ協定まで

パリで採択の合図を知らせる木槌が振りおろされました。2015年12月12日，先進国発展途上国を問わず，195か国が気候変動問題に対する国際協定に合意し，温室効果ガスの排出を削減することで，温暖化を防ぐことを誓約したのです。

パリ協定は歓迎され，新聞に大きく取り上げられましたが，その効力は常に限定的なものでした。なぜなら，温室効果ガスの排出の削減は自発的なもので，発展途上国の開発資金やクリーンエネルギー計画の推進への支援は，先進国に義務づけられていたからです。さらに，2017年6月，アメリカのドナルド・トランプ大統領がパリ協定から脱退することを誓約したことで，パリ協定の勢いは弱まったように思えます。しかし，離脱するプロセスには何年もかかる上，トランプ大統領は離脱による不利益を避けると思われることから，交渉の余地はあるかもしれません。

いずれにしても，地球の温暖化を遅らせるための，のるかそるかの節目としてパリ協定に集中しすぎることは，特定の国や政治家の決断に集中しすぎることと同じように，重要な現実を見逃しかねないことになります。

パリ協定は，これからもつづく旅の一歩にすぎません。そのはじまりは，1992年にブラジルのリオデジャネイロで開催された地球サミットで，196か国により最初の（拘束力のない）地球温暖化条約にあたる国連気候変動枠組条約が採択されました。この条約は当時のアメリカ大統領ジョージ・H・W・ブッシュによって署名され，その年のうちに上院で批准されました。その後，ビル・クリントン，ジョージ・W・ブッシュ，バラク・オバマといった三人の歴代大統領により支持されていきます。

エネルギーと経済についていえば，外交と政治は，国家と国民が選択した決定以上のものを反映しています。二酸化炭素の主な排出源である石炭と石油は，これから数十年間は，世界のエネルギーミックスの中に存在しつづけるのは間違いありません。ですが，技術の進歩によって，膨大な埋蔵量の天然ガス田が新たに開発されたり，再生可能エネルギーのコストが削減されたり，新しい原子力発電所が設計されたりするかもしれません。このまま投資と努力をしつづければ，地球の気候と人類がより持続可能な関係に変わっていけるでしょう。

参照：大統領による気候変動への警告（1965年），
地球温暖化が初めてニュースに（1988年）

2015年のパリ協定は，先進国と発展途上国にかかわらず，
すべての国が温室効果ガスの排出削減をめざすことを約束した最初の気候協定でした。

北極海の海氷の後退

地球の歴史を通じて，北極圏周辺の気候と海氷の状態は，深刻な変化を繰りかえしてきました。2004年に行われた北極の海底掘削プロジェクトで，約5,500万年前に温室効果ガスの劇的な蓄積によって気流が暑さのピークを迎えたとき，海面水温は約23.3℃あったことがわかりました。4,900万年前後には，ウキクサが北極海をおおっていたことも。ところが，同じプロジェクトにより，1,500万年前から最近まで，海氷がこのように北極周辺を絶えずおおい隠していたこともわかったのです。

繰りかえしになりますが，北極周辺の気候と氷の状態が劇的に変化したように見えるのはまちがいありません。北極海は暗い極寒の冬には，さすがにまだ毎年凍結するものの，最近の夏には，海氷が激しく後退しているため，200年前に航行できなかった海域で，現在は船舶が往来するのもありふれた光景になっています。

1979年以来，気象衛星は開氷域（氷のない海表面）がさらに広がる傾向を測定しているため，今世紀後半頃には，それまでにいろいろ変化を伴うことはあっても，夏の終わりの時期に北極海の氷が消失するということは予測されます。2016年には，捕鯨船の航海記録や旧ソビエトの氷の調査など，数多く散在する古い記録をふるいにかけた先駆的な研究により，1850年にさかのぼる海氷の年代記が編さんされました。著者の一人，フローレンス・フェッターは，この調査結果を次のように手短にまとめました。

まず第一に，過去150年の間に，海氷の範囲が近年のように小さくなっていた時期はない。第二に，史料では，近年の海氷後退の速度も今までに例がない。そして，第三に，数十年にわたる海氷の自然な変動は，たいてい年々の変動より小さい。

この研究は，北極の温暖化のおもな原因として，人間が生みだした温室効果ガスの蓄積による，ということを示す科学研究に加わるものです。

参照：北極探検家たちを襲った最寒冷期の悲劇（1845年），
南極の氷床が脅かす海面の上昇（1978年）

2016年に科学者たちが発表した研究では，捕鯨船の航海記録など多数の古い記録をふるいにかけて行われ，最近の夏の北極海氷が後退した異常な特質を裏づけました。この1871年の印画には大西洋での捕鯨とベーリング海峡が描かれています。

世界一の稲妻地帯

今日では，地球上のどこかで稲妻が走るたびに，気象観測衛星がいつでも逃さず記録をとります。しかも，世界一の稲妻の都とみなされる多発地帯までも。最近まで，アフリカのコンゴ盆地がその１位の座を保っていました。ところが，衛星搭載機器が16年かけて収集した詳細な雷データを使った，NASAの科学者の2016年の解析によって，新たな記録保持者はベネズエラ北西部にあるマラカイボ湖になりました。南アメリカ最大の湖であるマラカイボ湖は，南岸を馬蹄型になった山脈で囲まれ，北に位置するカリブ海から暖かく湿った貿易風を取りこみます。この取りこまれた風が，アンデス山脈から降りてくる冷たい風とぶつかり，巨大な積乱雲が生じるのです。こうした気象現象が絶えず繰りかえされることで，年平均297回の夜間の雷雨が発生し，9月にはいつもピークに達するようになりました。マラカイボ湖の現象はあまりにも幻想的なため，近郊は稲妻観光で人気のキャンプ地となっています。

2010年にエルニーニョ現象が絡んだとされる大干ばつで，一世紀のうちでもおそらく最長記録にあたる数か月間，稲妻がピタッと鳴りやんだときには，かえって地元住民をひどく不安がらせました。しかし，稲妻の閃光はふたたび走りはじめます。

雨季の真っただ中には，1分あたり平均で28回の稲妻が光ります。こうした世界中の落雷の密度と回数は，アラバマ州ハンツビルにある宇宙機関マーシャル宇宙飛行センターが開発管理する衛星雷観測センサーにより，きめ細かく観測されています。このセンサーはとても精度が高いため昼間でも稲妻の光を検知できるのです。

また，マーシャルセンターは，2007年にオクラホマ州の上空を321キロメートルにわたって光る稲妻の最長記録の判定にも携わりました。世界気象機関は，2016年にこの記録と併せて，2012年の南フランスでの稲妻1回あたりの閃光最長時間の記録，7.74秒を発表しました。

参照：ベンジャミン・フランクリンの避雷針（1752年），
危険を伴うダウンバーストの正体（1975年），
発光現象「スプライト（妖精）」の立証（1989年）

2016年のNASAの衛星画像の解析によって，地理的条件と気象条件が混ざったせいで稲妻が多発する，ベネズエラのマラカイボ湖が世界一の稲妻の都とされました。

温暖化の影響を受けるサンゴ礁

世界中に2億年以上にわたり，生息する熱帯サンゴ礁の大部分を形成する動物であるサンゴは，褐虫藻《かっちゅうそう》という藻類と共生してきました。サンゴの本体であるポリープの中に住む褐虫藻は，光合成をすることでサンゴに栄養をもたらし，サンゴの老廃物は，褐虫藻に栄養をあたえます。科学者たちは，褐虫藻と共生するサンゴは，共生しないサンゴと比べると，最大で10倍速くサンゴ礁の地形をつくることができることを発見しました。

ところが，長い期間にわたり沿岸水域の水温が異常に上がると，サンゴはストレスを受けてしまい，共生している褐虫藻を追いだします。生物学者はこれを白化現象とよびます。広い範囲におよぶサンゴ礁が白化し，さらにこうした状態が長引けば，いずれサンゴは死んでしまいます。2014年には，弱まったエルニーニョがまねいた太平洋の水温上昇と海洋の長期的な温暖化が重なり，広範囲にわたる白化現象を引きおこしましたが，これは，ほんのはじまりにすぎませんでした。2015年から2016年のエルニーニョが，1997年から1998年の現象に匹敵する近年最強とされた規模になったために，多くの海域の白化は回復するどころか悪化してしまいました。

2017年に国立海洋大気庁（NOAA）のサンゴ礁観測チームは，先のエルニーニョに人為的な地球温暖化も加わったことが，今日の白化の一因となっているのはほぼ間違いないと報告し，これを観測史上最も広範で長期にわたる白化現象とみなしました。

このときのエルニーニョで，オーストラリアのグレートバリアリーフが特に壊滅的な被害に見舞われました。科学者によれば，白化現象をおこしたことのないサンゴ礁の最北端にまで被害がおよんでいたことがわかりました。

海洋生物学者は，サンゴが適応力に優れている特質を強調したうえで，サンゴ礁海域の深いところは被害を受けていないことなどに注目しています。しかし，白化現象が長引くようなら，農業排水や未処理の汚水，それに魚の乱獲といった，サンゴ礁におよぼす別の脅威も減らすことが大切だということに新たに目を向けていかなければなりません。保全努力を積みかさねることで，このうえなく豊かで多様なこの生態系が今世紀以降ずっと維持できるようになります。

参照：：灼熱地獄と「大絶滅」（紀元前2億5200万年），
地球温暖化が初めてニュースに（1988年）

ヘロン島周辺のサンゴが白化した2016年の写真は，オーストラリアのグレートバリアリーフの最南端近くで撮られました。世界中の海域で3年続いた白化現象が2017年で終わりをむかえたとき，科学者は，観測史上，最大幅で最悪な白化現象だったと述べました。

氷期が終わる？

気候変化が寒冷に向かうという壊滅的で恐ろしい見通しが，1970年代には，ニュースなどの見出しによって，あちこちでよく取りあげられるようになりました。この中で，地球における最近の気温変化を評価して，最終氷期の終わりから1万1,000年以上つづいた間氷期のあとに，新たな氷期が訪れる可能性があることを唱える科学者もいました。さらに研究が進められるにつれて，気温の変化は，下がりはじめたころにくらべ小刻みになってきていることがすぐあきらかになりました。追加調査が行われた結果，温室効果におよぼす人為的な影響が高まってきたために，この先10万年以上の間に完全に氷期が終わってしまうという予想が示されました。2000年の論文で，ベルギーの科学者アンドレ・バーガーとマリー・フランス・ルートルは，温暖化ガスの増加による地球温暖化で，過去の氷期サイクルに関連する地球の軌道と自転の揺れがもたらす寒冷化の影響をうまく押さえこめると計算しました。

科学は，今世紀中に人間が引きおこす変化の速度と度合いについてどんな議論がくり広げられようと，また，化石燃料やCO_2を含まない代替エネルギーについて社会がどんな選択をとろうとも，人間が気候にあたえた影響によって，すでに何万年もの温暖な状態と海面上昇を確実にしていることを強調しています（地球工学の進歩や小惑星の撃突がなければですが）。

海洋学者マシュー・フォンテーン・モーリー（1806 ~ 1873）は，海洋気象科学の組織化に尽力した1853年から２年後に出版された本の中で，気候との新しい関係を発展させることとはどういうことかを次のように載せています。

大気は岸のない海洋というだけではとうてい済まない。大気は，豊かな情報の宝庫であり，数多くの安全で有益な目的とみごとに適応している。地球に生息するすべての動植物が繁栄して満足する状態でいられるかどうかは，このシステムがきちんと機能するかどうかにかかっている。そのため，大気とその動きや働きぶりを操作することは，偶然に任せてはならない。

これからの課題は，人類のエネルギー需要を満たしつつ，最悪の気候となるようなシナリオをたどる確率を下げる方法を見つけることにあります。だからこそ，この物語はつづいていきます。気象と気候の歴史を飾る，あまたのマイルストーンに彩られながら。

参照：地球の軌道と氷期（1912年），
大統領による気候変動への警告（1965年），
気候を操る？（2006年）

2004年のグリーンランドにある広大な氷床の西の側面。科学者たちは，人間活動による長期にわたる温室効果ガスの蓄積が，到来するであろう新たな氷期に，これらの氷床や他の氷床の前進を数千年遅らせると見積もっています。

協力者一覧

本書を出版するにあたり，わたしたちは早くから専門知識を持つ友人や学者に懇請し，特定の分野に寄稿してもらうつもりでいました。年代順に，地球の大気と気候史の草創期をあきらかにする探究からはじめることにしたので，はじまりはしばらくハワード・リーの手に委ねるのは当然のなりゆきでした。

ハワード・リー (Howard Lee)－H.L.：地質学とリモートセンシング（遠隔測定）の学位を持ち，『Your Life as Planet Earth: A New Way to Understand the Story of the Earth, Its Climate and Our Origins』（Amazon Kindle, 2014）の著者。地球史における最初の45億3,300万年と，農業の台頭について寄稿。ロンドン地質学会の会員。著書はこちらのウェブサイトから：ylape.com.

スティーブン・T・ジャクソン博士(Stephen T. Jackson, PhD)－S.J.：ワイオミング大学の植物学と生態学の名誉教授。デンマークの自然主義者ヤペトゥス・ステーンストロップを称え寄稿。アメリカ生態学会，アメリカ科学振興協会の会員。アレクサンダー・フォン・フンボルトの基礎作品の翻訳を2冊編集し，3冊目を執筆中：『Essay on the Geography of Plants』（シカゴ大学出版局，2009年），『Views of Nature』（シカゴ大学出版局，2014年）。

B・リン・イングラム教授(B. Lynn Ingram, PhD)－L.I.：カリフォルニアの大洪水について寄稿。地質学的アプローチで古気候と気象事象を解明する専門家。カリフォルニア大学バークレー校の名誉教授（女性）。フランシズ・マラマッド・ロアンとの共著がある：『The West without Water: What Past Floods, Droughts, and Other Climate Clues Tell Us about Tomorrow』（カリフォルニア大学出版局，2013年）

ジョン・シュワルツ(John Schwartz)－J.S.：ニューヨークタイムズの記者であり著者。テキサス州ガルベストン出身。ガルベストンの「強大な嵐」を寄稿。彼の記事はこちらから：nytimes.com/ by/john-schwartz

カート・ステージャー博士(Curt Stager, PhD)－C.S.：アフリカの大干ばつについて，影響力の強い自身の研究をもとに寄稿。アディロンダックのポール・スミス大学の自然科学の教授。フィールドワークは古代中心だが，未来を見据えた著書も執筆：『Deep Future: The Next 100,000 Years of Life on Earth』（St. Martin's/Thomas Dunne, 2011年）

グレアム・L・ステファンズ博士(Graeme L. Stephens, PhD)－G.S.：雲に名前をつけたルーク・ハワードについて寄稿。カリフォルニア州パサデナにあるNASAジェット推進研究所の気候科学センター長。

ポール・D・ウィリアムズ博士(Paul D. Williams, PhD)－P.D.W.：ルイス・フライ・リチャードソンの気候モデルの先駆けについて寄稿。大気科学の教授で，レディング大学気象学部王立協会大学研究員。

関連資料

ここでは，本書に登場する100話の場面とマイルストーンに関連する資料，および特別寄稿者名を紹介します。詳細なリストについては，アンドリュー・レブキンまでEメールにてお問い合わせください。revkin+weather@gmail.com

紀元前45億6700万年：地球大気の形成

ハワード・リーによる寄稿

Connelly, James N., Martin Bizzarro, Alexander N. Krot, Åke Nordlund, Daniel Wielandt, and Marina A. Ivanova. "The Absolute Chronology and Thermal Processing of Solids in the Solar Protoplanetary Disk." Science, Nov 2012. http://bit.ly/2vI0HGI.

Walsh, Kevin J., and Harold F. Levison. Terrestrial Planet Formation from an Annulus. The American Astronomical Society. Sept 2016. http://bit.ly/2vcDpXI.

紀元前43億年：水の惑星

ハワード・リーによる寄稿

Valley, John W., et al. "Hadean age for a post-magma-ocean zircon confirmed by atom-probe tomography." Nature Geoscience, Feb 2014. http://go.nature.com/1q92mcM.

Zahnle, Kevin, Norman H. Sleep, et al. "Emergence of a Habitable Planet." Space Science Reviews, March 2007.

紀元前29億年：ピンクの空と氷河

ハワード・リーによる寄稿

Dell'Amore, Christine, and Robert Kunzig. "Why Ancient Earth Was So Warm." National Geographic, July 2013. http://bit.ly/2uzQR4A.

紀元前27億年：最古の雨痕化石

ハワード・リーによる寄稿

Charnay, B., F. Forget, R. Wordsworth, J. Leconte, E. Millour, F. Codron, and A. Spiga. "Exploring the faint young Sun problem and the possible climates of the Archean Earth with a 3-D GCM." Journal of Geophysical Research, 19 Sept 2013 http://bit.ly/2uhMWK8.

Som, Sanjoy M., Roger Buick, James W. Hagadorn, Tim S. Blake, John M. Perreault, Jelte P. Harnmeijer, and David C. Catling. "Earth's air pressure 2.7 billion years ago constrained to less than half of modern levels." Nature Geoscience, 09 May 2016. http://go.nature.com/2vFwQO7.

紀元前24億年から4億2300万年：全球凍結から火災の発生へ

ハワード・リーによる寄稿

Brocks, J. J., A. J. M. Jarrett, E. Sirantoine, F. Kenig, M. Moczydłowska, S. Porter, and J. Hope. "Early sponges and toxic protists: possible sources of Cryostane, an age diagnostic biomarker antedating Sturtian Snowball Earth." Geobiology, 28 Oct 2015. http://bit.ly/2vxvFRe.

Cole, Devon B., Christopher T. Reinhard, Xiangli Wang, Bleuenn Gueguen, Galen P. Halverson, Timothy Gibson, Malcolm S.W. Hodgskiss, N. Ryan McKenzie, Timothy W. Lyons, and Noah J. Planavsky. "A shale-hosted Cr isotope record of low atmospheric oxygen during the Proterozoic." Geology, 17 May 2016. http://bit.ly/2vFUpqf.

紀元前2億5200万年：灼熱地獄と「大絶滅」

ハワード・リーによる寄稿

Bond, David P. G., Paul B. Wignall, Michael M. Joachimski, Yadong Sun, Ivan Savov, Stephen E. Grasby, Benoit Beauchamp, and Dierk P. G. Blomeier. "An abrupt extinction in the Middle Permian (Capitanian) of the Boreal Realm (Spitsbergen) and its link to anoxia and acidification." The Geological Society of America. 4 March 2015. http://bit.ly/1CLrmL4.

Sun, Yadong, Michael M. Joachimski, Paul B. Wignall, Chunbo Yan, Yanlong Chen, Haishui Jiang, Lina Wang, and Xulong Lai. "Lethally Hot Temperatures During the Early Triassic Greenhouse." Science, 19 Oct 2012. http://bit.ly/2vImded.

紀元前6600万年：恐竜の絶滅と哺乳類の繁栄

ハワード・リーによる寄稿

The Cenozoic Era. University of California Museum of Paleontology. 2008. http://bit.ly/1kLrPpD.

Petersen, Sierra V., Andrea Dutton, and Kyger C. Lohmann. "End-Cretaceous extinction in Antarctica linked to both Deccan volcanism and meteorite impact via climate change." Nature Communications. 05 July 2016. http://go.nature.com/2wmRSz3.

紀元前5600万年：超温暖化した始新世

ハワード・リーによる寄稿

Alley, Richard B. "A heated mirror for future climate." Science, 08 Apr 2016. http://bit.ly/1STeLPY.

Harrington, Guy J., and Carlos A. Jaramillo. "Paratropical floral extinction in the Late Palaeocene-Early Eocene." Journal of the Geological Society, 23 June 2006. http://bit.ly/2hCMjcx.

紀元前3400万年：南極海による地球の寒冷化

ハワード・リーによる寄稿

Lear, Caroline H., and Dan J. Lunt. "How Antarctica got its ice." Science. 01 April 2016. http://bit.ly/2vcKdou.

紀元前1000万年：チベットの隆起とアジアのモンスーン

Hu, Xiumian, Eduardo Garzanti, Jiangang Wang, Wentao Huang, and Alex Webb. "The timing of India-Asia collision onset—Facts, theories, controversies." ScienceDirect, 29 July 2016. http://bit.ly/2vcEr6e.

Sun, Youbin, Long Ma, Jan Bloemendal, Steven Clemens, Xiaoke Qiang, and Zhisheng An. "Miocene climate change on the Chinese Loess Plateau: Possible links to the growth of the northern Tibetan Plateau and global cooling." Geochemistry, Geophysics, Geosystems, July 2015.

紀元前10万年：気候変動が促した人類の集団移動

Irfan, Umair. "Climate Change May Have Spurred Human Evolution." Scientific American, 02 Jan 2013. http://bit.ly/2wAWeBI.

Maslina, Mark A., Chris M. Brierley, Alice M. Milner, Susanne Shultz, Martin H. Trauth, and Katy E. Wilson. "East African climate pulses and early human evolution." Quaternary Science Reviews, 12 June 2016. http://bit.ly/2uzfFcO.

deMenocal, Peter B., and Chris Stringer. "Human migration: Climate and the peopling of the world." Nature, 21 Sept 2016. http://go.nature.com/2dSJnCM.

紀元前1万5000年：100年規模の干ばつ

カート・ステージャーによる寄稿

Stager, J. Curt, David B. Ryves, Brian M. Chase, and Francesco S. R. Pausata. "Catastrophic Drought in the Afro-Asian Monsoon Region During Heinrich Event 1." Science,24 Feb 2011. http://bit.ly/2uz4Mrq.

紀元前9700年：肥沃な三日月地帯

"Did Climate Change Help Spark The Syrian War? Scientists Link Warming Trend to Record Drought and Later Unrest." The Earth Institute, Columbia University. 02 March 2015. http://bit.ly/2vcZkOQ.

Sharifi, Arash, Peter K. Swart et al. "Abrupt climate variability since the last deglaciation based on a high-resolution, multi-proxy peat record from NW Iran: The hand that rocked the Cradle of Civilization?" Quaternary Science Reviews, 01 Sept 2015. http://bit.ly/2vHNYnc.

紀元前5300年：北アフリカの乾燥とファラオの台頭

Allen, Susie, and William Harms. "World's oldest weather report could revise Bronze Age chronology." UChicago News, 01 April 2014. http://bit.ly/2hDfSKU.

deMenocal, Peter B., and J. E. Tierney. "Green Sahara: African Humid Periods Paced by Earth's Orbital Changes." Nature Education Knowledge. http://bit.ly/2vxsKb9.

紀元前5000年：農耕による気候の温暖化

ハワード・リーによる寄稿

Ruddiman, W. F., et al. "Late Holocene climate: Natural or anthropogcnic?" Reviews of Geophysics, March 2016. http://bit.ly/2vFMTeS.

Stanley, Sarah. "Early Agriculture Has Kept Earth Warm for Millennia." Review of Geophysics, 19 Jan 2016. http://bit.ly/2vxtsp7.

紀元前350年：アリストテレスの気象学

Aristotle. Meteorologica. Translated by E. W. Webster. Internet Classic Archives. http://www.ucmp.berkeley.edu/ history/aristotle.html.

紀元前300年：中国、神話から気象学へ

Doggett, L. E. Calendars. NASA Goddard Space Flight Center.

Needham, Joseph. Science and Civilization in China. United Kingdom: Cambridge University Press, 2000.

1088年：気候変化を記録した沈括

Edwards, Steven A., Ph.D. "Shen Kuo, the first Renaissance man?" American Association for the Advancement of Science. 15 March 2012. http://bit.ly/2uhgYOw.

"The first evidence for climate change." Geological Society of London blog. 03 March 2014. http://bit.ly/2fmjsIE

1100年：中世温暖期から小氷期へ

Bradley, Raymond S., Heinz Wanner, and Henry F. Diaz. "The Medieval Quiet Period." The Holocene, 22 Jan 2016. http://bit.ly/2wmJC23.

Camenisch, Chantal, et al. "The 1430s: a cold period of extraordinary internal climate variability during the early Spörer Minimum with social and economic impacts in north-western and central Europe." Climate of the Past, 01 Dec 2016. http://bit.ly/2hgnYZx.

1571年：大航海時代

"Naval history of China." Wikipedia. Accessed June 5, 2017. http://bit.ly/2uzhDdc.

"Winds of Change: Defeat of the Spanish Armada, 1588." NASA Landsat Science, 25 May 2017. https://go.nasa.gov/2uyVa03.

1603年：温度計の発明

Van Helden, Al. "The Thermometer." The Galileo Project. Rice University. 1995. http://bit.ly/2tVRRQa.

Williams, Matt. "What Did Galileo Invent?" Universe Today. Nov. 21, 2016. http://bit.ly/2fm7f6F.

1637年：虹の解読

Butterworth, Jon. "How the rainbow illuminates the enduring mystery of physics." Aeon. Jan. 3, 2017. http://bit.ly/2vFVxKd.

Haußmann, Alexander. "Rainbows in nature: recent advances in observation and theory." European Journal of Physics 37, no. 6 (August 26, 2016). http://bit.ly/2fcCjRc.

1644年：大気の重さ

O'Connor, J. J., and E. F. Robertson. "Evangelista Torricelli." Nov 2002. http://bit.ly/2vHSUIO.

Williams, Richard. "October, 1644: Torricelli Demonstrates the Existence of a Vacuum Elegant physics experiment; enduring practical invention." American Physical Society, Oct 2012. http://bit.ly/2uhAGJH.

1645年：黒点のない太陽

Degroot, Dagomar. "What was the Maunder Minimum? New Perspectives on an Old Question." Historicalclimatology.com. 9 June, 2016. http://bit.ly/1XSaxNK.

Meehl, Gerald A., Julie M. Arblaster, and Daniel R. Marsh. "Could a future 'Grand Solar Minimum' like the Maunder Minimum stop global warming?" Geophysical Research Letters: An AGU Journal, 13 May 2013. http://bit.ly/2hDAtPs.

1714年：ファーレンハイトによる標準温度計の発明

Chang, Hasok. Inventing Temperature: Measurement and Scientific Progress. New York and Oxford: Oxford University Press, 2004.

Radford, Tim. "A Brief History of Thermometers." The Guardian, 06 Aug 2003. http://bit.ly/2hCODQT.

"Temperature and Temperature Scales." World of Earth Science. Encyclopedia.com. 04 Jun. 2017. http://www.encyclopedia.com/science/encyclopedias-almanacs-transcripts-and-maps/temperature-and-temperature-scales.

1721年：弦楽四重奏による「四季」

Ortiz, Edward. "Taking the World By Storm? Weather Inspired Music." San Francisco Classical Voice, 30 July 2013. http://bit.ly/1k6vH2T.

St. George, Scott, Daniel Crawford, Todd Reubold, and Elizabeth Giorgi. "Making Climate Data Sing: Using Music-like Sonifications to Convey a Key Climate Record." American Meteorological Society. Jan 2017. http://bit.ly/2uikPip.

1735年：風の循環図

"Meteorology/Edmond Halley, 1656–1742." Princeton University. http://bit.ly/1xcs6cZ.

Persson, Anders O. "Hadley's Principle: Understanding and Misunderstanding the Trade Winds." 2006.

1752 ： ベンジャミン・フランクリンの避雷針

"Franklin's Lightning Rod." The Franklin Institute. 2017. http://bit.ly/1TFjJlr.

"The Kite Experiment, 19 October 1752." Founders Online, National Archives, last modified 30 March 2017. http://bit.ly/2s59f7a.Krider, E. Philip. "Benjamin Franklin and the First Lightning Conductors." Proceedings of the International Commission on History of Meteorology. Volume 1 (2004).

1755年 ： フランクリンによるつむじ風の追跡

Heidorn, Keith C., Ph.D. "Benjamin Franklin: The First American Storm Chaser." The Weather Doctor, 1998. http://bit.ly/2wALqDT.

1783年：最初の気象観測気球の飛行

"A Brief History of Upper Air Observations." NOAA National Weather Service. http://bit.ly/2wAWPUj.

Léon Teisserenc de Bort. Encyclopedia Brittanica, Inc. http://bit.ly/2fmfPlZ.

1792年：農民の生活暦

Hale, Justin. "Predicting Snow for the Summer of 1816, The Year Without a Summer." The Old Farmer's Almanac. http://bit.ly/2vGjFfO.

"History of the Old Farmer's Almanac. The Almanac Editors' Legacies." The Old Farmer's Almanac. http://bit.ly/2hBH8cG.

1802年 ： ルーク・ハワードによる雲の命名

グレアム・L・ステファンズによる寄稿

Howard, Luke. Essay on the Modifications of Clouds.

London: Churchill & Sons, 1803. http://bit.ly/1IAJdpS.

Stephens, Graeme L. "The Useful Pursuit of Shadows." American Scientist, Sept 2003.

1802年：フンボルトの地層断面図

Von Humboldt, Alexander, and Aimé Bonpland. Essay on the Geography of Plants, edited by Stephen L Jackson. Translated by Sylvie Romanowski. Chicago: University of Chicago Press, 2009.

Wulf, Andrea. The Invention of Nature: Alexander von Humboldt's New World. New York: Alfred A. Knopf, 2015.

1806年：ボーフォートによる風の分類

"Beaufort Wind Scale." NOAA. https://www.weather.gov/mfl/beaufort.

"Wind Measurements." Weather for Schools. http://bit.ly/2vIppGJ.

1814年：ロンドン最後のフロストフェア

de Castella, Tom. "Frost fair: When an elephant walked on the frozen River Thames." BBC News Magazine, 8 Jan 2014. http://bbc.in/2cxo4o2.

Johnson, Ben. "The Thames Frost Fairs." Historic U.K., 2017. http://bit.ly/1CMxgyj.

1816年：噴火飢饉怪談話

Buzwell, Greg. "Mary Shelley, Frankenstein and the Villa Diodati." British Library, 15 May 2014. http://bit.ly/2myuQk0.

Cavendish, Richard. "The eruption of Mount Tambora." History Today, April 2015. http://bit.ly/1r7PfgO.

Evans, Robert. "The eruption of Mount Tambora killed thousands, plunged much of the world into a frightful chill and offers lessons for today." Smithsonian, July 2002. http://bit.ly/1sPH2gw.

1818年：スイカ雪

Edwards, Howell G.M., Luiz F.C. de Oliveira, Charles S. Cockell, J. Cynan Ellis-Evans, and David D. Wynn-Williams. "Raman spectroscopy of senescing snow algae: pigmentation chang-

es in an Antarctic cold desert extremophile." International Journal of Astrobiology, April 2004.
Frazer, Jennifer. "Wonderful Things: Don't Eat the Pink Snow." Scientific American, 9 July 2013. http://bit.ly/2hBHJuW.

1830年：万人のための傘
"Samuel Fox, Bradwell's Most Famous Son." The Samuel Fox Country Inn. http://bit.ly/2vcH8ov.
Sangster, William. Umbrellas and their History. London: Oxford University Press. Published online by Project Gutenberg. http://bit.ly/2uicET0.

1840年：氷期の発見
Bressan, David. "The discovery of the ruins of ice: The birth of glacier research." Scientific American, 03 Jan 2011. http://bit.ly/2gFkR87.
Reebeek, Holli. "Paleoclimatology: Introduction." NASA Earth Observatory. 28 June 2005. https://go.nasa.gov/2uiA0YE.
Summerhayes, C. P. Earth's Climate Evolution. Wiley Blackwell, 2015. http://bit.ly/1N5QQId.

1841年：泥炭湿地の歴史
スティーブン・T・ジャクソンによる寄稿
Contributed by Stephen Jackson
Jackson, Stephen T., and Dan Charman. "Editorial: Peatlands—paleoenvironments and carbon dynamics." PAGES News, April 2010. http://bit.ly/2uzpFmo.

1845年 ： 北極探検家たちを襲った最寒冷期の悲劇
Revkin, Andrew C. "Where Ice Once Crushed Ships, Open Water Beckons." The New York Times, 24 Sept 2016. http://nyti.ms/2fmrhOD.
"Study offers new insights tothe Franklin Expedition mystery." University of Glasgow. University News, 22 Sept 2016. http://bit.ly/2vFZNcX.
Watson, Paul. Ice Ghosts: The Epic Hunt for the Lost Franklin Expedition. New York: W. W. Norton & Company, 2017.

1856年 ： 科学者たちによる温室効果ガスの発見
Darby, Megan. "Meet the woman who first identified the greenhouse effect." Climate Home, 09 Feb 2016. http://bit.ly/2c5Bqsb.
Wogan, David. "Why we know about the greenhouse gas effect." Scientific American, 16 May 2013. http://bit.ly/2veIuxb.

1859年：地球にふりかかる宇宙天気
Moore, Nicole Casal. "Solar storms: Regional forecasts set to begin." University of Michigan. Michigan News, 28 Sept 2016. http://bit.ly/2uiIxuQ.
Orwig, Jessica. "The White House is prepping for a single weather event that could cost $2 trillion in damage." Business Insider, 06 Nov 2015. http://read.bi/1NhjPs6.
Philips, Dr. Tony. "Near Miss: The Solar Superstorm of July 2012." NASA. 23 July 2014. https://go.nasa.gov/2wmF7EJ.

1861年：最初の天気予報
Corfidi, Stephen. "A Brief History of the Storm Prediction Center." NOAA. 12 Feb 2010. http://www.spc.noaa.gov/history/early.html.
"Robert FitzRoy and the Daily Weather Reports." Met Office. Last updated 4 May 2016. http://bit.ly/2hCu3zT.

1862年：カリフォルニアの大洪水
B・リン・イングラムによる寄稿
Contributed by B. Lynn Ingram
Ingram, B. Lynn. "California Megaflood: Lessons from a Forgotten Catastrophe." Scientific American, 01 Jan 2013. http://bit.ly/2jk7lMI.

1870年：日常に役立つ気象学へ
"History of The National Weather Service." NOAA National Weather Service. http://www.weather.gov/timeline.
"WFO Juneau's and National Weather Service History." NOAA National Weather Service. weather.gov/ajk/OurOffice-History.

1871年：中西部のファイアストーム
"1871 Massive fire burns in Wisconsin." History, 2009. http://bit.ly/2veA0WX.
Pernin, Peter. "The great Peshtigo fire: an eyewitness account." Madison: State Historical Society of Wisconsin, 1971. http://bit.ly/

2vcBnXU.
"The Peshtigo Fire." NOAA National Weather Service. https://www.weather.gov/grb/peshtigofire.

1880年：「スノーフレーク」・ベントレー

Blanchard, Duncan C. "The Snowflake Man." Weatherwise, 1970. http://snowflakebentley.com/sfman.htm.
"Wilson A. Bentley: Pioneering Photographer of Snowflakes." Smithsonian Institution Archives. http://s.si.edu/2vG0Cm3.

1882年：北極の共同観測

"History of the Previous Polar Years." Internationales Polarjahr, 2006. http://bit.ly/2uzHL7N.
Revkin, Andrew. The North Pole Was Here: Puzzles and Perils at the Top of the World. Boston: Kingfisher, 2006.

1884年：初の竜巻写真

Potter, Sean. "Retrospect: April 26, 1884: Earliest Known Tornado Photograph." Weather-Wise, March-April 2010. http://bit.ly/2uhFzTi.
Snow, John T. "Early Tornado Photographs." Journal of the American Meteorological Society, April 1984. http://bit.ly/2vFYkU0.

1886年：グラウンドホッグデー

"About Groundhog Day." Website of the Punxsutawney Groundhog Club. http://bit.ly/1tsVlsf.
"Groundhog Day." NOAA National Centers for Environmental Information. http://bit.ly/1KgpLX2.
Wordle, Lisa. "How often is Punxsutawney Phil right? Analysis of Groundhog Day predictions since 1898." PennLive website. 30 Jan 2017. http://bit.ly/2k2VSRg.

1887年：風力の利用

"History of Wind Energy." Wind Energy Foundation. 2016.
Price, Trevor J. "Britain's First Modern Wind Power Pioneer." Wind Engineering Journal, 01 May 2005.

1888年：グレートホワイトハリケーン

"Major Winter Storms." NOAA National Weather Service. http://www.weather.gov/aly/Major-WinterStorms.

1888年：史上最悪の雹嵐

"Highest Mortality Due to Hail." World Meteorological Organization's World Weather & Climate Extremes Archive. 2017. http://bit.ly/2vI7bp0.
"Roopkund Lake's skeleton mystery solved! Scientists reveal bones belong to 9th century people who died during heavy hail storm." India Today, 31 May 2013. http://bit.ly/2vxcaZ0.

1896年：初の国際雲図帳

"International Cloud Atlas Manual on the Observation of Clouds and Other Meteors." World Meteorological Organization website. https://www.wmocloudatlas.org/.
MacLellan, Lila. "Amateur cloud-spotters lobbied to add this beautiful new cloud to the International Cloud Atlas." Quartz, March 2017. http://bit.ly/2mCus7A.

1896年：石炭、二酸化炭素、そして気候

Fleming, James Rodgers. Historical Perspectives on Climate Change. New York: Oxford University Press, 1998.
Weart, Spencer R. The Discovery of Global Warming. Boston: Harvard University Press, 2008. http://history.aip.org/climate/.

1900年：強大な嵐

The 1900 Storm. Published in conjunction with the City of Galveston 1900 Storm Committee. 2014 Galveston Newspapers Inc. All rights reserved. http://www.1900storm.com/.

1902年：「空調設備」

Buchanan, Matt. "An Apparatus for Treating Air: The Modern Air Conditioner." The New Yorker, 05 June 2013. http://bit.ly/2vcKqYy.
"History of Air Conditioning." Department of Energy. 20 July 2015. https://energy.gov/articles/history-air-conditioning.
"The Invention that Changed the World." Willis Carrier website. http://www.williscarrier.com/1876-1902.php.

1903年：ワイパー

Anderson, Mary. U.S. Patent No. 743,801: Window-cleaning device. U.S. Patent and Trademark Office. 18 June 1903. https://www.google.com/patents/US743801.

Slater, Dashka. “Who Made That Windshield Wiper?” The New York Times Magazine, 12 Sept 2014.

1903年：乾燥地の発見

Bortman, Henry. “A Tale of Two Deserts.” Astrobiology Magazine, 18 April 2011. http://bit.ly/2uzjlvk.

Khan, Alia. “Exploring the Dry Valleys, Then and Now.”
The New York Times, 21 Dec 2011. http://nyti.ms/2uhjhkw.

1911年：ブルーノーザー,寒冷な北風

Samenow, Jason. “Wild rides: the 11/11/11 Great Blue Norther and the largest wave ever surfed.”
The Washington Post, 11 Nov 2011.

University Of Missouri staff. “MU Scientists Detail Cause of 1911 Storm.” KOMU. 07 Nov 2011. http://bit.ly/2wn4LZY.

1912年：地球の軌道と氷期

Croll, James. Climate and time in their geological relations; a theory of secular changes of the earth’s climate. New York: D. Appleton, 1875. http://bit.ly/2uzamKu.

Weart, Spencer R. “Past Climate Cycles: Ice Age Speculations.” The Discovery of Global Warming, updated Jan 2017. https://history.aip.org/climate/cycles.htm.

1922年：リチャードソンの夢「天気予報工場」

ポール・D・ウィリアムズによる寄稿

Lynch, Peter. “The origins of computer weather prediction and climate modeling.” Journal of Computational Physics, 20 March 2008.

Richardson, Lewis Fry. Weather prediction by numerical process. Cambridge, MA: Cambridge University Press, 1922.

1931年：「中国の悲しみ」

Chen, Yunzhen, James P. M. Syvitski, Shu Gao, Irina Overeem, and Albert J. Kettner. “Socio-economic Impacts on Flooding: A 4000-Year History of the Yellow River.” China Ambio, Nov 2012. http://bit.ly/2icuxgl.

Hudec, Kate. “Dealing with the Deluge.” NOVA, 26 March 1996. http://to.pbs.org/2vG9E2d.

Wang, Shuai, Bojie Fu, Shilong Piao, Yihe Lü, Philippe Ciais, Xiaoming Feng, and Yafeng Wang. “Reduced sediment transport in the Yellow River due to anthropogenic changes.” Nature Geoscience, 30 Nov 2015. http://go.nature.com/2flWtgY.

1934年：猛突風

“World: Maximum Surface Wind Gust.” World Meteorological Organization’s World Weather & Climate Extremes Archive. http://bit.ly/2vIdwRg.

“World Record Wind.” Mt. Washington Observatory. http://bit.ly/1AbMVoC.

1935年：ダストボウル

“The Black Sunday Dust Storm of April 14, 1935.” NOAA National Weather Service. http://bit.ly/2vHKKAl.

Cook, Ben, Ron Miller, and Richard Seager. “Did dust storms make the Dust Bowl drought worse?” The Trustees of Columbia University in the City of New York, Lamont-Doherty Earth Observatory. 2011.

1941年：ロシアの「冬将軍」

Hitler’s Table Talk, 1941-1944: His Private Conversations. Translated by Norman Cameron and R. H. Stevens. New York: Enigma Books, 2008.

Roberts, Andrew. The Storm of War. United Kingdom: Telegraph Books. 6 Aug 2009.

1943年：ハリケーンハンター

Fincher, Lew, and Bill Read.
“The 1943 surprise hurricane.” NOAA History. April 2017.
http://bit.ly/1D48iOc.“Frequently asked Questions.
” The Hurricane Hunters Association. http://www.hurricanehunters.com/faq.htm.

“The Lost Hurricane/Typhoon Hunters: In Memoriam.” Weather Underground, April 2017. http://bit.ly/2uhJwr1.

1944年：ジェット気流が武器に

Hornyak, Tim. “Winds of war: Japan’s balloon bombs took the Pacific battle to American soil.” Japan Times, 25 July 2015.

Lewis, John M. “¯Oishi’s Observation Viewed in the Context of Jet Stream Discovery.” Bulletin of the American Meteorological Society. March 2003. http://bit.ly/2uihfEW.

1946年：レインメイカー

Fleming, James Rodger. Fixing the Sky: The Checkered History of Weather and Climate Control. New York: Columbia University Press, 2010.

Moseman, Andrew. “Does cloud seeding work? China takes credit for the storms now bringing a reprieve from severe drought, but is that claim valid?” Scientific American, 19 Feb 2009. http://bit.ly/2uiOfNc.

1950年：初めての数値天気予報

“Electronic Computer Project.” Institute for Advanced Study. 2017. https://www.ias.edu/electronic-computer-project.

Lynch, Peter. “The Origins of Computer weather Prediction and Climate Modeling.” Journal Of Computational Physics, 19 March 2007. http://bit.ly/2vI8zba.

1950年：竜巻の事前警報

Angel, Jim. “60th Anniversary of the First Tornado Detected by Radar.” Illinois State Climatologist, 09 April 2013. http://bit.ly/2wmDBCp.

Smith, Mike. Warnings: The True Story of How Science Tamed the Weather. Greenleaf Book Group, 2010.

1952年：ロンドンスモッグ

“The Great Smog of 1952.” Met Office web page. 20 April 2015. http://bit.ly/1OVCbTO.

1953年：北海大洪水

Weesjes, Elke. “The 1953 North Sea Flood in the Netherlands, Impact and Aftermath.” Natural Hazards Observer, 28 Sept 2015. http://bit.ly/2vGlQzU.

1958年：二酸化炭素の上昇曲線

“The Keeling Curve.” Scripps Institution of Oceanography. https://scripps.ucsd.edu/programs/keeling-curve/.

Weart, Spencer. The Discovery of Global Warming. Boston: Harvard University Press, 2008.

1960年：軌道からの気象観測

Alfred, Randy. “April 1, 1960: First Weather Satellite Launched.” Science, 04 Jan 2008. http://bit.ly/2fmMwQr.

“NOAA’s GOES-16 satellite sends first images of Earth; Higher-resolution details will lead to more accurate forecasts.” NOAA. 23 Jan 2017. http://bit.ly/2jQhzUD.

1960年：カオス理論と気候

Dizikes, Peter. “When the Butterfly Effect Took Flight.” MIT Technology Review, 22 Feb 2011. http://bit.ly/2tOmXdM.

Fleming, James Rodger. Inventing Atmospheric Science. Cambridge, MA: MIT Press, 2016.

Gleick, James. Chaos: Making a New Science. New York: Viking, 1987.

Lorenz, Edward N., Sc.D. “Does the Flap of a Butterfly’s wings in Brazil set off a Tornado in Texas?” American Association for the Advancement of Science, 139th meeting. 29 March 1972. http://bit.ly/1eUrMno.

1965年：大統領による気候変動への警告

Johnson, Lyndon Baines. “Special Message to Congress on Conservation and Restoration of Natural Beauty.” 08 Feb 1965. http://bit.ly/2k3XrzX.

Lavelle, Marianne. “A 50th anniversary few remember: LBJ’s warning on carbon dioxide.” The Daily Climate, 02 Feb 2015. http://bit.ly/1uQSeFX.

1967年：気候モデルの発展

Pidcock, Roz. “The most influential climate change papers of all time.” Carbon Brief, 06 July 2015. http://bit.ly/2qnb8wG.

“Validating Climate Models.” National Academy of Sciences. 2012. http://bit.ly/2vxq3Gs.

1973年：ストームチェイスによる科学調査

Czuchnicki, Cammie. “History of Storm Chasing.” Royal Meteorological Society.

http://bit.ly/2wB2XMf.
Golden, Joseph H., and Daniel Purcell. "Life Cycle of the Union City, Oklahoma Tornado and Comparison with Waterspouts." Monthly Weather Review, Jan 1978.

1975年：危険を伴うダウンバーストの正体

Fujita, T. Theodore. "Tornadoes and Downbursts in the Context of Generalized Planetary Scales." Journal of Atmospheric Sciences, Aug 1981. http://bit.ly/2wmZSjs.
Henson, Bob. "Tornadoes, Microbursts, and Silver Linings: How the Jumbo Outbreak of 1974 helped lead to safer air travel." AtmosNews, 01 April 2014. http://bit.ly/2wAYg53.

1978年 ： 南極の氷床が脅かす海面の上昇

Mercer, J. H. "West Antarctic ice sheet and CO2 greenhouse effect: a threat of disaster." Nature, 26 Jan 1978. http://go.nature.com/2fmNonY.

1983年：地球上で最も寒い場所

Woo, Marcus. "New Record for Coldest Place on Earth, in Antarctica." National Geographic Magazine, 11 Dec 2013. http://bit.ly/2wmRRv3.

1983年：核の冬

Revkin, Andrew. "Hard Facts About Nuclear Winter." Science Digest, March 1985. j.mp/nuclearwinter85.
Turco, R. P., O. B. Toon, T. P. Ackerman, J. B. Pollack, and Carl Sagan. "Nuclear Winter: Global Consequences of Multiple Nuclear Explosions." Science, 23 Dec 1983. http://bit.ly/2vIiddS.

1986年：エルニーニョ現象の予測

Krajick, Kevin. "Mark Cane, George Philander, Win 2017 Vetlesen Prize." Center for Climate and Life, Columbia University. 26 Jan 2017.
McPhaden, Michael. "Predicting El Niño Then and Now." NOAA. 03 April 2015. http://bit.ly/2hBXulA.

1988年：地球温暖化が初めてニュースに

Revkin, Andrew. "Endless Summer: Living with the Greenhouse Effect." Discover, Oct 1988. j.mp/greenhouse88.

1989年：発光現象「スプライト（妖精）」の立証

Fecht, Sarah. "What Is a Red Sprite? Ghost? Alien? Carbonated beverage?" Popular Science, 25 Aug 2015. http://www.popsci.com/what-red-sprite.
Rozell, Ned. "Alaska scientist leaves colorful legacy." University of Alaska, Fairbanks, Geophysical Institute. 01 Feb 2012. http://bit.ly/2uzidYE.

1993年 ： 氷と泥のコアの中の気候の手がかり

Alley, Richard B. The Two-Mile Time Machine: Ice Cores, Abrupt Climate Change, and Our Future. Princeton, NJ: Princeton University Press, updated 2014.
Riebeek, Holli. "Paleoclimatology: The Ice Core Revealed." NASA Earth Observatory. 19 Dec 2005. https://go.nasa.gov/2hDO758.

2006年：気象災害における人為的要因

Emanuel, Kerry, et al. "Statement on the U.S. Hurricane Problem." Website of Professor Kerry Emanuel, MIT. 25 July 2006. http://bit.ly/2uzDq4r.
Revkin, Andrew C. "Climate Experts Warn of More Coastal Building." The New York Times, 25 July 2006.

2006年：気候を操る？

Fleming, James Rodger. Fixing the Sky: The Checkered History of Weather and Climate Control. New York: Columbia University Press, 2010.
Temple, James. "Harvard Scientists Moving Ahead on Plans for Atmospheric Geoengineering Experiments." MIT Technology Review, 24 March 2017. http://bit.ly/2wAXkxJ.

2006年：大西洋を越える砂塵

Dunion, Jason P., and Christopher S. Velden. "The Impact of the Saharan

Air Layer on Atlantic Tropical Cyclone Activity." American Meteorological Society. Journals Online, 01 March 2004. http://bit.ly/2veKF3S.

Kaplan, Sarah. "How dust from the Sahara fuels poisonous bacteria blooms in the Caribbean." The Washington Post, 11 May 2016. http://wapo.st/2fnsxAP.

2007年：気候を形成する海洋の役割を追跡

The Argo Project. University of California, San Diego. http://www.argo.ucsd.edu/.

Evolution of Physical Oceanography. Edited by Bruce A. Warren and Carl Wunsch. Cambridge, MA: MIT Press, 1981.

2012年：気候問題に対する科学的調査

Kahan, Dan M., Ellen Peters, Maggie Wittlin, Paul Slovic, Lisa Larrimore Ouellette, Donald Braman, and Gregory Mandel. "The polarizing impact of science literacy and numeracy on perceived climate change risks." Nature Climate Change, 27 May 2012.

2012年：熱い（世界一熱い気温）議論の決着

El Fadli, Khalid I., Randall S. Cerveny, Christopher C. Burt, Philip Eden, David Parker, Manola Brunet, Thomas C. Peterson, Gianpaolo Mordacchini, Vinicio Pelino, Pierre Bessemoulin, José Luis Stella, Fatima Driouech, M. M Abdel Wahab, and Matthew B. Pace. "World Meteorological Organization Assessment of the Purported World Record 58°C Temperature Extreme at El Azizia, Libya (13 September 1922)." American Meteorological Society. Feb 2013.

Samenow, Jason. "Two Middle East locations hit 129 degrees, hottest ever in Eastern Hemisphere, maybe the world." The Washington Post, 22 July 2016. http://wapo.st/2wBbNJE.

2014年：極渦

Kennedy, Caitlyn. "Wobbly polar vortex triggers extreme cold air outbreak." NOAA. 8 Jan 2014. http://bit.ly/2vHXff3.

Wiltgen, Nick. "Deep Freeze Recap: Coldest Temperatures of the Century for Some." Weather.com. Accessed 10 Jan 2014. http://wxch.nl/2wmXbyr.

2015年：気候外交—リオサミットからパリ協定まで

Revkin, Andrew C. "The Climate Path Ahead." The New York Times, Sunday Review, 12 Dec 2015. http://nyti.ms/2vxNmQJ.

2016年：北極海の海氷の後退

Fetterer, Florence. "Piecing together the Arctic's sea ice history back to 1850." Carbon Brief, 11 Aug 2016. http://bit.ly/2byE5fC.

2016年：世界一の稲妻地帯

Lang, Timothy J., Stéphane Pédeboy, William Rison, Randall S. Cerveny, Joan Montanyà, Serge Chauzy, Donald R. MacGorman, Ronald L. Holle, Eldo E. Ávila, Yijun Zhang, Gregory Carbin, Edward R. Mansell, Yuriy Kuleshov, Thomas C. Peterson, Manola Brunet, Fatima Driouech, and Daniel S. Krahenbuhl. "WMO World Record Lightning Extremes: Longest Reported Flash Distance and Longest Reported Flash Duration." American Meteorological Society. June 2017. http://bit.ly/2cPQQpz.

2017年：温暖化の影響を受けるサンゴ礁

"Climate Change Threatens the Survival of Coral Reefs." ISRS Consensus Statement on Climate Change and Coral Bleaching. Oct 2015. http://bit.ly/1MGCoWh.

NOA Satellite and Information Service. Coral Reef Watch. https://coralreefwatch.noaa.gov.

10万2018年：氷期が終わる?

Archer, David. The Long Thaw: How Humans Are Changing the Next 100,000 Years of Earth's Climate. Princeton, NJ: Princeton University Press, 2008.

Loutre, M. F., and A. Berger. "Future climatic changes: are we entering an exceptionally long interglacial?" Climatic Change, July 2000.

画像クレジット

表紙 : Joshua Stevens, using data from the NASA-NOAA GOES project/NASA Earth Observatory (表); Kansas State Historical Society (裏左上) ; SC- HART/South Carolina Army National Guard (裏右上); Fernando Flores from Caracas, Venezuela/Courtesy Wikimedia Commons (裏右下) ; Fine Arts Museums of San Francisco /Courtesy Wikimedia Commons (裏左下)

AKG :© Pictures From History: 52

Arvor : Olivier Dugornay at IFREMER: 200

Alamy : Art Collection 3: 68; ClassicStock: 132; Design Pics Inc: 48; dpa picture alliance archive: 98; Everett Collection Historical: 42; Bob Gibbons: 90; NASA Photo: 206; Pictorial Press Ltd: 128; The Print Collector: 62; World History Archive: 74, 100

© Prof. Dr. Wladyslaw Altermann: 24

Bridgeman Art Library : 81; Photo © Christie's Images:66

© Stephen Conlin 1986: 142

FEMA: George Armstrong: 178; Dave Gatley: 186

Flickr : Jason Ahrns : 190; Yann Caradec: 208

© JerryFergusonPhotography. com/ Chopperguy Photographer Jerry Ferguson and Pilot Andrew Park: 178

Getty Image s: © Adrian Dennis/ APF: 202; © Bettmann:110, 118, 122, 164; © DeAgostini: 104; © Monty Fresco: 162; © Herbert Gehr/The LIFE Picture Collection: 156

Internet Archive : 94

iStock: © Hailshadow: 36;© phototropic: 46; © w-ings: 96

Kansas State Historical Society: 116

Alan Kennedy/University of Bristol : 34

Hansueli Krapf : 188

LBJ Library: Frank Wolfe : 172

© Howard Lee: 20

Library of Congress : 130, 210

Metropolitan Museum of Art : 50, 112

© 1997 Christopher J. Morris: 146

NASA: 40, 140, 170, 182, 184, 198; Goddard/SORCE: 64; JPL-Caltech: 18; Jim Yungel: 180

National Ice Core Lab : Made available by Eric Cravens, Assistant Curator: 192

National Museum of the US Navy : 154

National Science Foundation: 136; Nicolle Rager Fuller: 174

NOAA: 148; US Department of Commerce: 76, 176

The Ocean Agency: © Richard Vevers/XL Catlin Seaview Survey: 214

PNAS: from Vol 112, no. 41, "Strong upslope shifts in Chim-borazo's vegetation over two centuries since Humboldt" by Naia Morueta- Holme, Kristine Engemann, Pablo Sandoval-Acuña, Jeremy D. Jonas, R. Max Segnitz, and Jens-Christian Svenning: 82

Princeton University Library: 70

Private Collection : 138, 152

Science Source : 168; © Chris Butler: 26; © Henning Dalhoff: 22; © Tom McHugh: 32; © Detlev van Ravenswaay: 30

Courtesy Andrew Revkin:84, 216

David Rumsey Historical Map Collection: 108

Scripps Institution of Oceano-graphy at UC San Diego: 166

Shutterstock.com: Jim Cole/AP /REX: 78

Smithsonian American Art Museum: 102

South Carolina Army National Guard: SC-HART:12

US Air Force: Master Sgt. Mark Olsen: 194

US Army: 158

USGS: 28

USPTO: 134

© Sandro Vannini: 44

Wellcome Library, London: 58

The Western Reserve Historical Society: 120

Courtesy Wikimedia Foundation: 48, 56, 150; Ashokyadav739: 124; Bertie79: 196; Fine Arts Museums of San Francisco: 60; Fernando Flores from Caracas, Venezuela: 212; IPY scientific community: 114; Jtrombone: 126; Leruswing: 144; Louvre: 88; Wolfgang Moroder: 204; National Gallery: 92; National Museum of Western Art: 54; Philadelphia Museum of Art: 72; UC Berkeley, Bancroft Library: 106

Yale Center for British Art: 86

索引

著者紹介

アンドリュー・レブキン

ピューリッツァー賞を受賞した非営利の報道機関であるプロパブリカ (ProPublica) で，気候と気候関連の問題を専門とするシニアレポーター。30 年以上にわたり，科学と環境について北極から赤道にいたるまで，主にニューヨークタイムズに寄稿しており，グッゲンハイム奨励金とあわせ，科学ジャーナリズムの最高賞のほとんどを受賞。また，地球温暖化，変化する北極圏，アマゾンの熱帯雨林への破壊行為などをテーマとする著書でも高い評価を得る。タイム誌が 2013 年にトップ 25 のブログのひとつに挙げたニューヨークタイムズの環境ブログ「ドットアース」での執筆経験を活かし，世界中をまわって，変動する地球の今後についての講演を行っている。若いころは，世界の3分の2を航海し，その間水上竜巻や強力な疾強風と遭遇したことがある。趣味で自ら作曲した歌を歌ったり，ピート・シーガー（「花はどこへ行った」などプロテストソングのパイオニア）の伴奏をつとめたりしたこともある。また，著書にもとづく2本の映画，『ロックスター』（2001 年ワーナーブラザーズ）と，ラウル・ジュリア主演のテレビ映画『バーニングシーズン』（1994 年 HBO）で，エミー賞を2度，ゴールデングローブ賞を3度受賞している。

リサ・メカリー

児童環境リテラシー財団 (Children's Environmental Literacy Foundation) の教育者。中学校の理科教師，ハドソンハイランズ自然博物館の教育ディレクターを経て現職。アンドリュー・レブキンとは結婚して 21 年。本書が初めての共著となる。

監訳者と訳者紹介

監訳者

渡部雅浩 / わたなべ・まさひろ

東京大学大気海洋研究所教授。博士（理学）。東京大学理学系研究科博士課程修了。専門は気象学，気候力学。主な研究テーマは気候変動の物理学，大規模大気循環の力学，気候モデリング。IPCC 第６次評価報告書執筆者にも選出される。

訳者

足立理英子 / あだち・りえこ

島根県松江市出身。東京女子大学短期大学部，青山学院大学二部文学部卒業。英語講師，外資系製薬会社の社内翻訳を経て，ニューロサイエンス系共訳本で翻訳者に。『Killers of the Flower Moon』（早川書房）で翻訳チームに参加，科学教材の翻訳などを手がける。

天気と気象

グラフィックヒストリー

2020年2月15日発行

著者　アンドリュー・レブキン，リサ・メカリー
監訳者　渡部雅浩
訳者　足立理英子
発行者　株式会社 ニュートンプレス
〒112-0012　東京都文京区大塚 3-11-6

ISBN 978-4-315-52210-5